第二次全国农业污染源普查系列丛书

第二次全国农业污染源

普查图集

DI-ER CI QUANGUO NONGYE
WURANYUAN PUCHA TUJI

农业农村部农业生态与资源保护总站 编著

中国农业出版社
北 京

前言 FOREWORD

本书是第二次全国农业污染源普查工作成果的具体体现。这一成果是全国农业农村及有关部门和数万普查工作人员，在国务院与地方各级人民政府领导下，历经三年时间，不懈努力、辛勤劳动获得的。

《第三次全国农业污染源普查图集》以省级行政区划分为基本制图单元，以农业污染源普查成果为主要内容的国家级地图集。它详细表示了种植业氮磷流失，稻秆产生与利用，地膜残留，畜禽养殖业水污染物产生排放，水产养殖业水污染物产生排放的空间分布，共分六类图，包括农业源、种植业、稻秆、地膜、畜禽养殖业、水产养殖业等。

农业源由19个省级行政区划的专题地图构成，表示农业源水污染物化学需氧量、氨氮、总氮、总磷分省排放量情况。

种植业类由3个省级行政区划的专题地图、1个典型地块抽样调查分布图和1个氮磷流失原位监测点分布图构成，表示种植业水污染氮、总氮、总磷分省排放量情况。

稻秆类由4个省级行政区划的专题地图，1个农作物稻秆利用农户抽样调查情况分布图和1个农作物稻秆原位监测点分布图构成，表示各地区稻秆产生情况，稻秆可收集资源情况，稻秆利用情况，共计6个专题图。

地膜类由4个省级行政区划的专题地图，1个农户地膜应用及污染调查情况分布图和1个农户地膜原位监测点分布图构成，表示各地膜使用，地膜覆盖，地膜回收情况，共计6个专题图。

畜禽养殖业类由17个省级行政区划的专题地图，1个畜禽养殖处理调查情况分布图和1个畜禽养殖业原位监测点分布图构成，表示畜禽养殖业及规模养殖场水污染物分省抽样调查情况，共计19个专题图。

水产养殖业类由8个省级行政区划的专题地图，1个水产养殖抽样调查情况分布图和1个水产养殖业原位监测点分布图构成，表示水产养殖业水污染物化学需氧量、氨氮、总氮、总磷分省抽样调查情况，共计10个专题图。

《第三次全国农业污染源普查图集》利用农业污染源成果数据以多尺度多视角，综合性地展示了我国各地农业源主要污染物排放量及其空间分布情况，以期为国家经济建设，社会发展和生态环境保护提供重要的基础资料，可以更好地为政府部门，科研教学机构和社会公众等提供科学参考。

目录 CONTENTS

第二次全国农业污染源普查图集

图1.1 各地区农业源化学需氧量排放情况

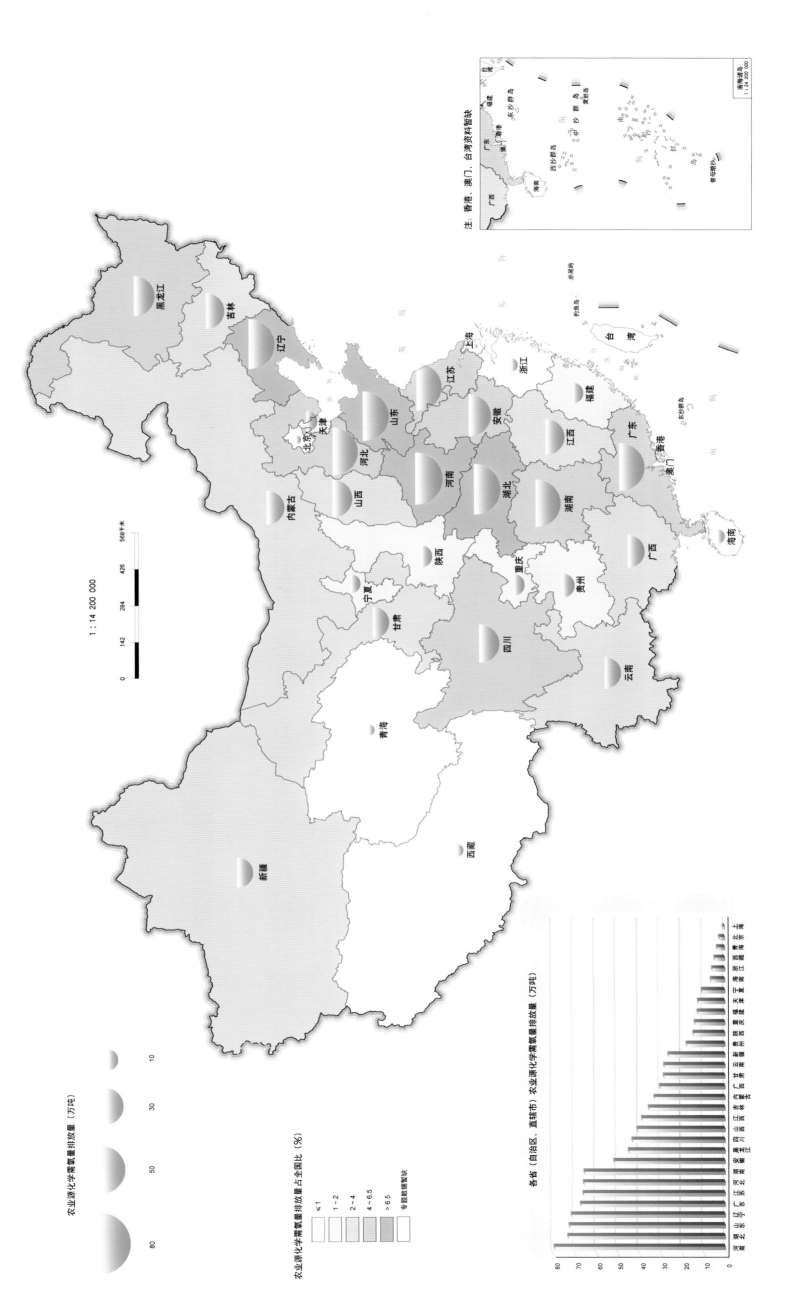

各省（自治区、直辖市）农业源化学需氧量排放量（万吨）

农业源化学需氧量排放量占全国比（%）

≤1
1～2
2～4
4～6.5
>6.5
专题数据暂缺

农业源化学需氧量排放量（万吨）

80
50
30
10

1 : 14 200 000

0 142 284 426 568千米

注：香港、澳门、台湾资料暂缺

1 : 24 200 000

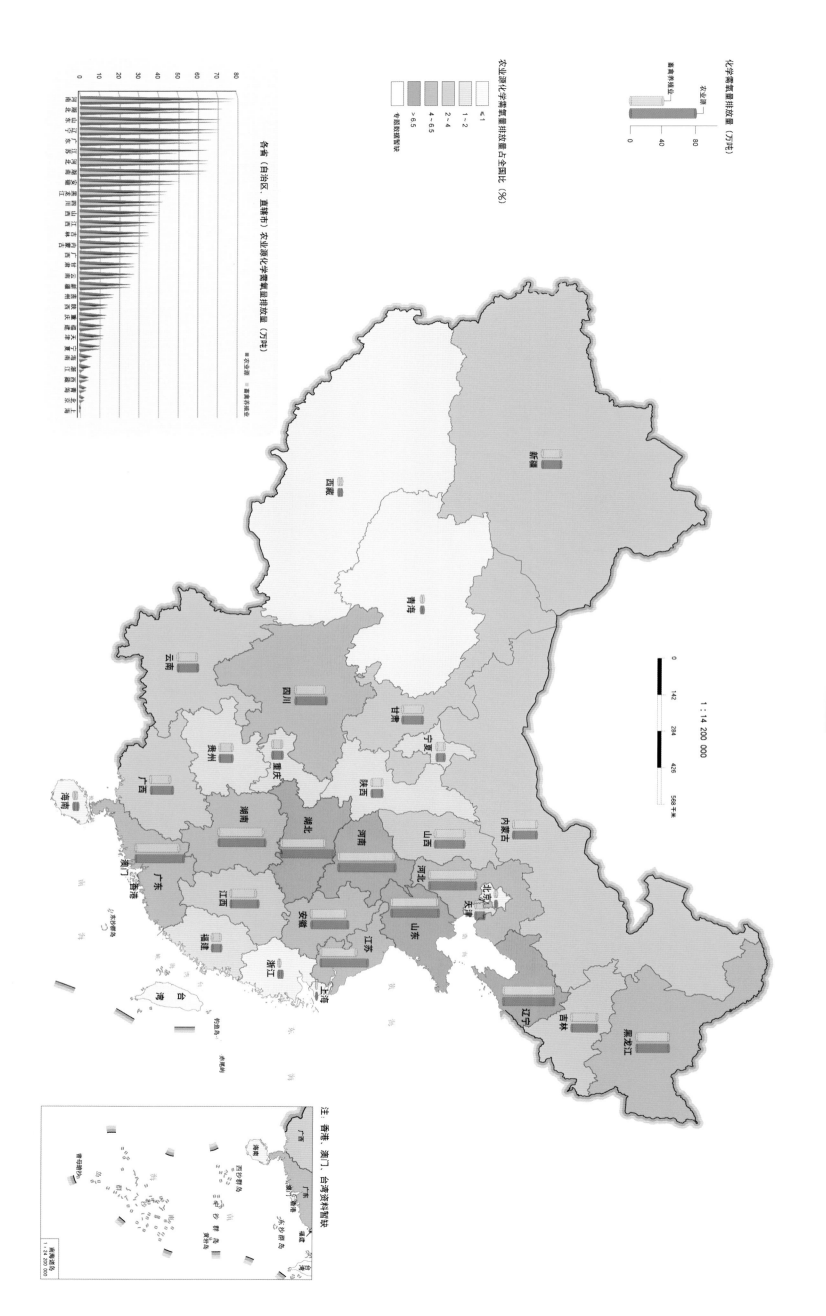

图1.2 各地区畜禽养殖业与农业源化学需氧量排放情况

图1.3 各地区水产养殖业与农业源化学需氧量排放情况

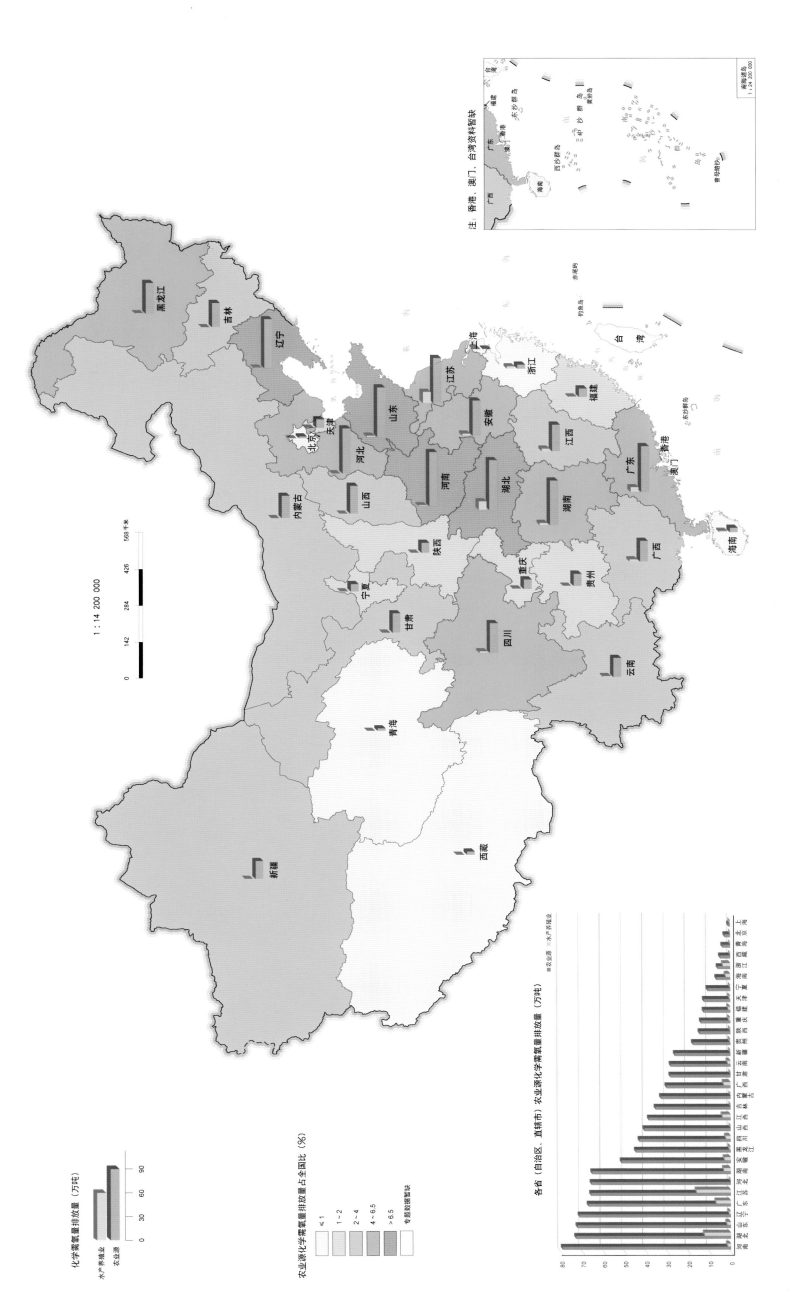

化学需氧量排放量（万吨）

水产养殖业
农业源

0   30   60   90

农业源化学需氧量排放量占全国比（%）

≤1
1~2
2~4
4~6.5
>6.5
专题数据暂缺

1：14 200 000

0   142   284   426   568千米

各省（自治区、直辖市）农业源化学需氧量排放量（万吨）

农业源　水产养殖业

注：香港、澳门、台湾资料暂缺

南海诸岛
1：24 200 000

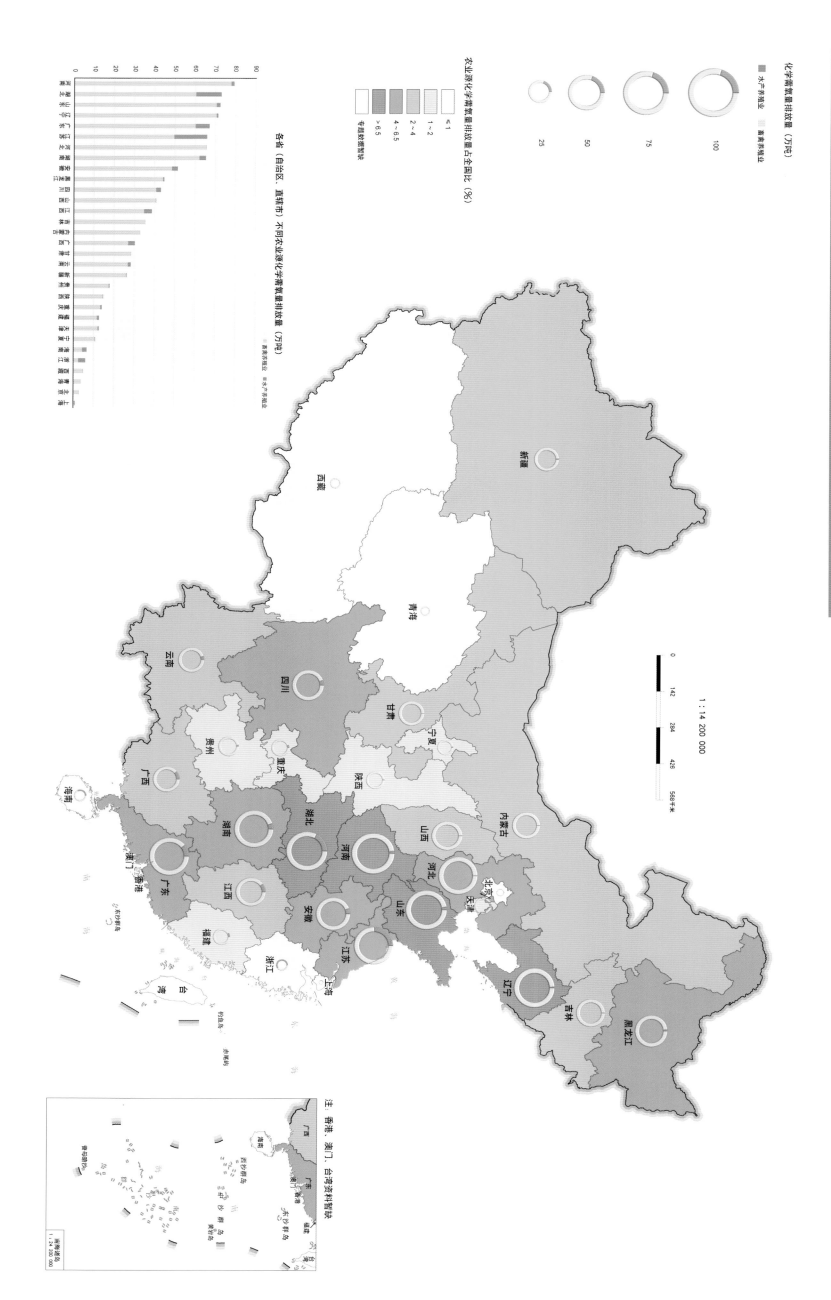

图1.4 各地区不同农业源化学需氧量排放情况

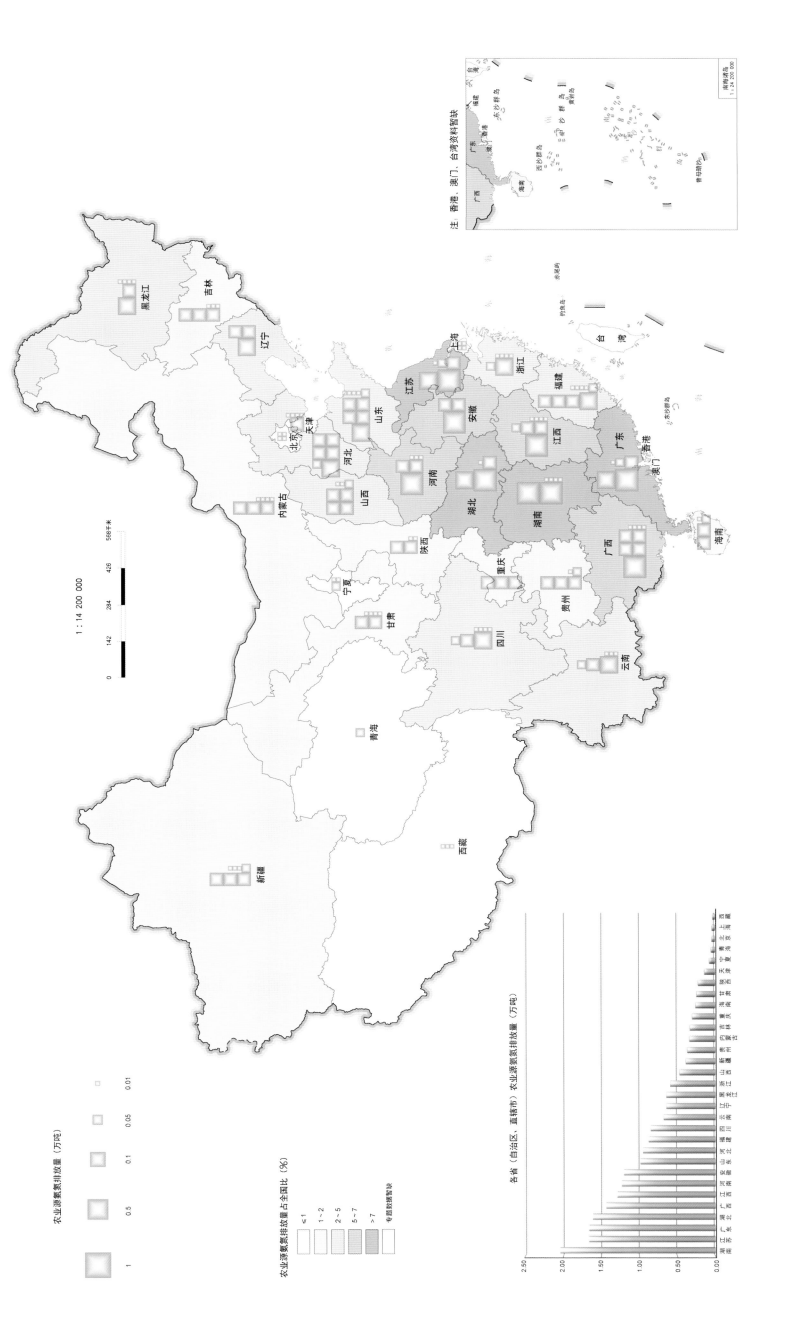

图1.5 各地区农业源氨氮排放情况

农业源氨氮排放量（万吨）

1 : 14 200 000

0   142   284   426   568千米

农业源氨氮排放量（万吨）

0.01

0.05

0.1

0.5

1

农业源氨氮排放量占全国比（%）

≤1

1~2

2~5

5~7

>7

专题数据暂缺

注 香港、澳门、台湾资料暂缺

南海诸岛
1 : 24 200 000

各省（自治区、直辖市）农业源氨氮排放量（万吨）

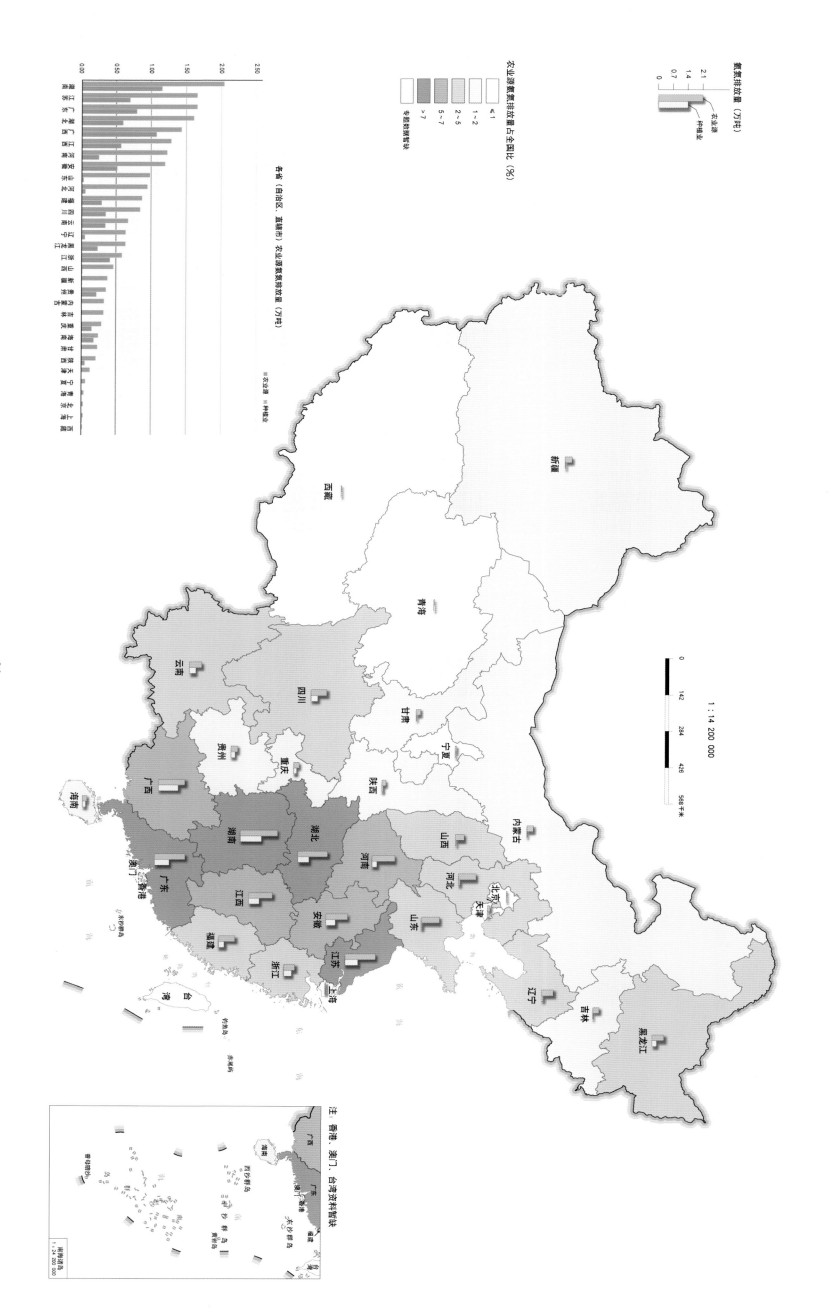

图1.6 各地区种植业与农业源氨氮排放情况

图1.7 各地区畜禽养殖业与农业源氨氨排放情况

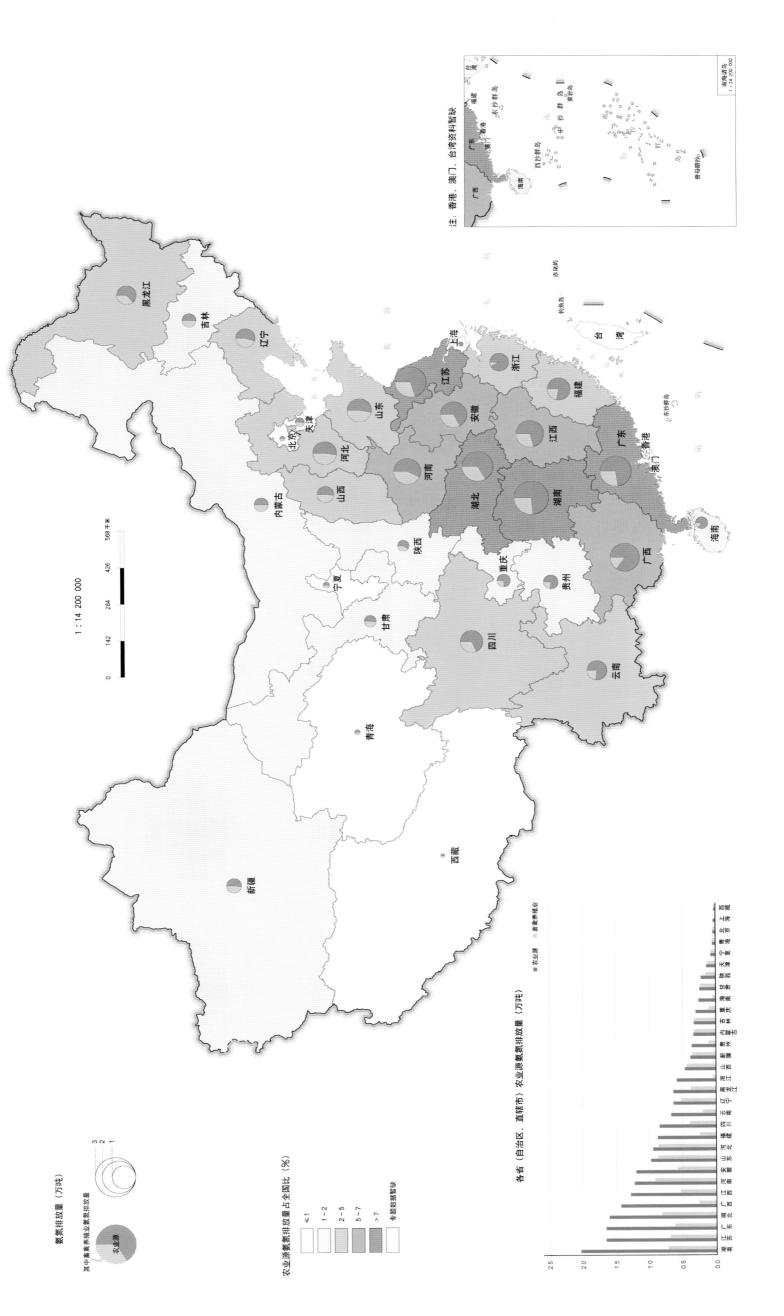

氨氮排放量（万吨）

其中畜禽养殖业氨氮排放量

农业源

3
2
1

农业源氨氮排放量占全国比（%）

<1
1~2
2~5
5~7
>7
专题数据暂缺

0   142   284   426   568千米

1 : 14 200 000

各省（自治区、直辖市）农业源氨氮排放量（万吨）

农业源   畜禽养殖业

注：香港、澳门、台湾资料暂缺

南海诸岛
1：24 200 000

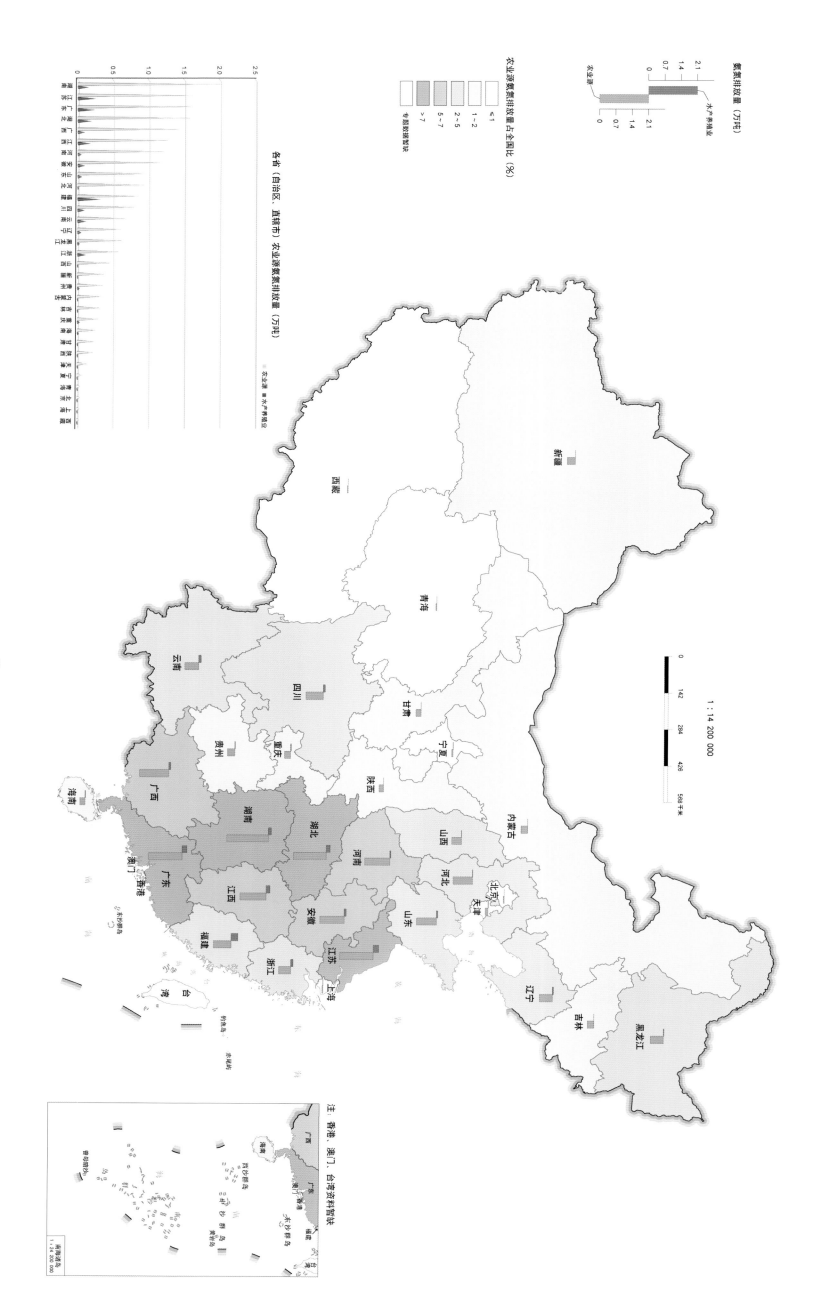

图1.8 各地区水产养殖业与农业源氨氮排放情况

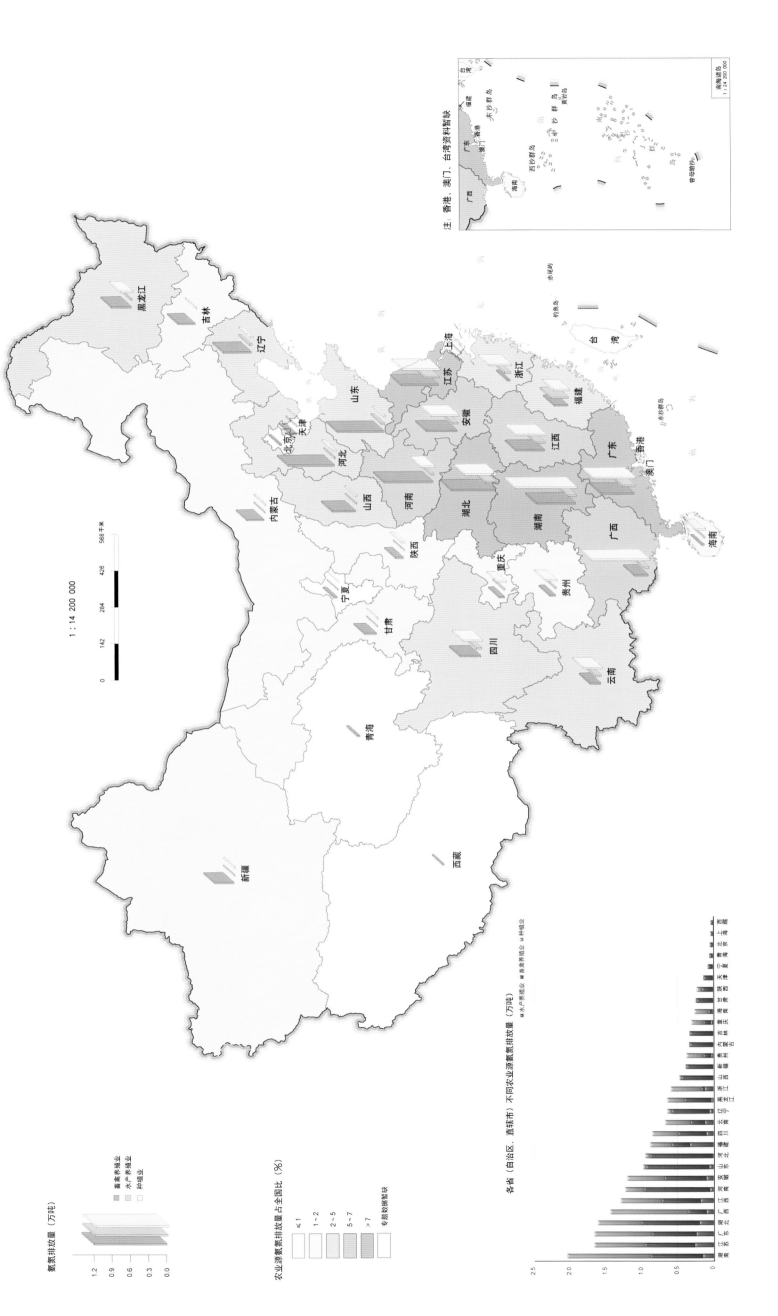

图1.9 各地区不同农业源氨氮排放情况

氨氮排放量（万吨）

畜禽养殖业
水产养殖业
种植业

1.2
0.9
0.6
0.3
0.0

农业源氨氮排放量占全国比（%）

≤1
1~2
2~5
5~7
>7
专题数据暂缺

1 : 14 200 000

0   142   284   426   568千米

南海诸岛
1 : 24 200 000

注：香港、澳门、台湾资料暂缺

各省（自治区、直辖市）不同农业源氨氮排放量（万吨）

水产养殖业   畜禽养殖业   种植业

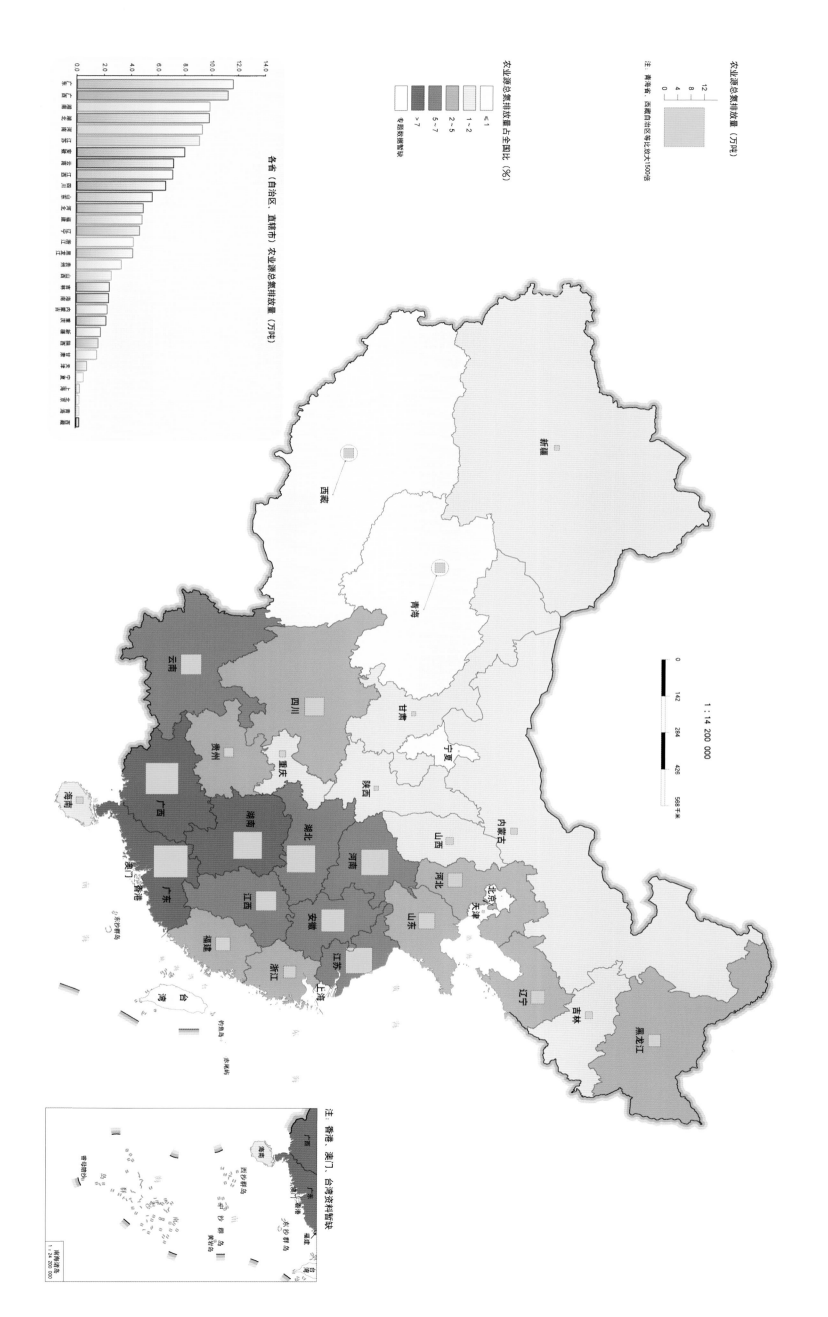

图1.10 各地区农业源总氮排放情况

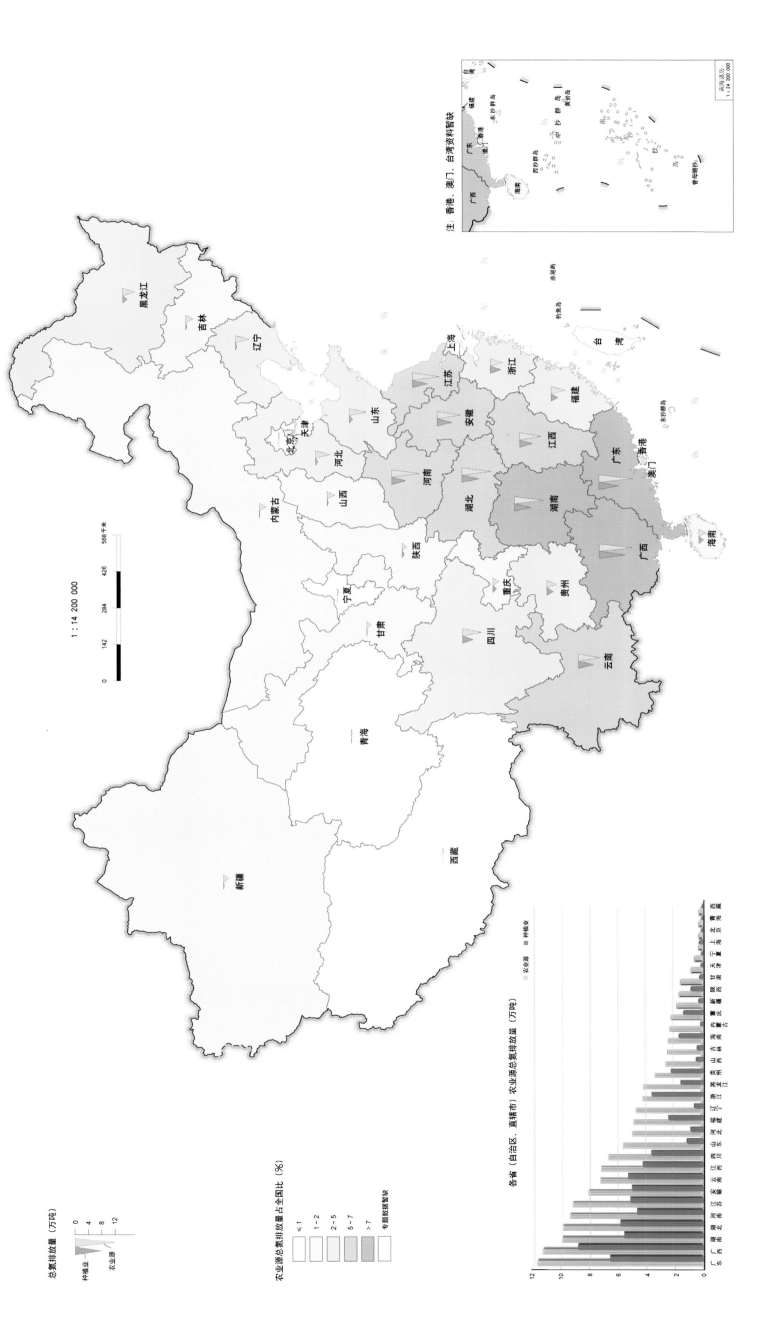

图1.11 各地区种植业与农业源总氮排放情况

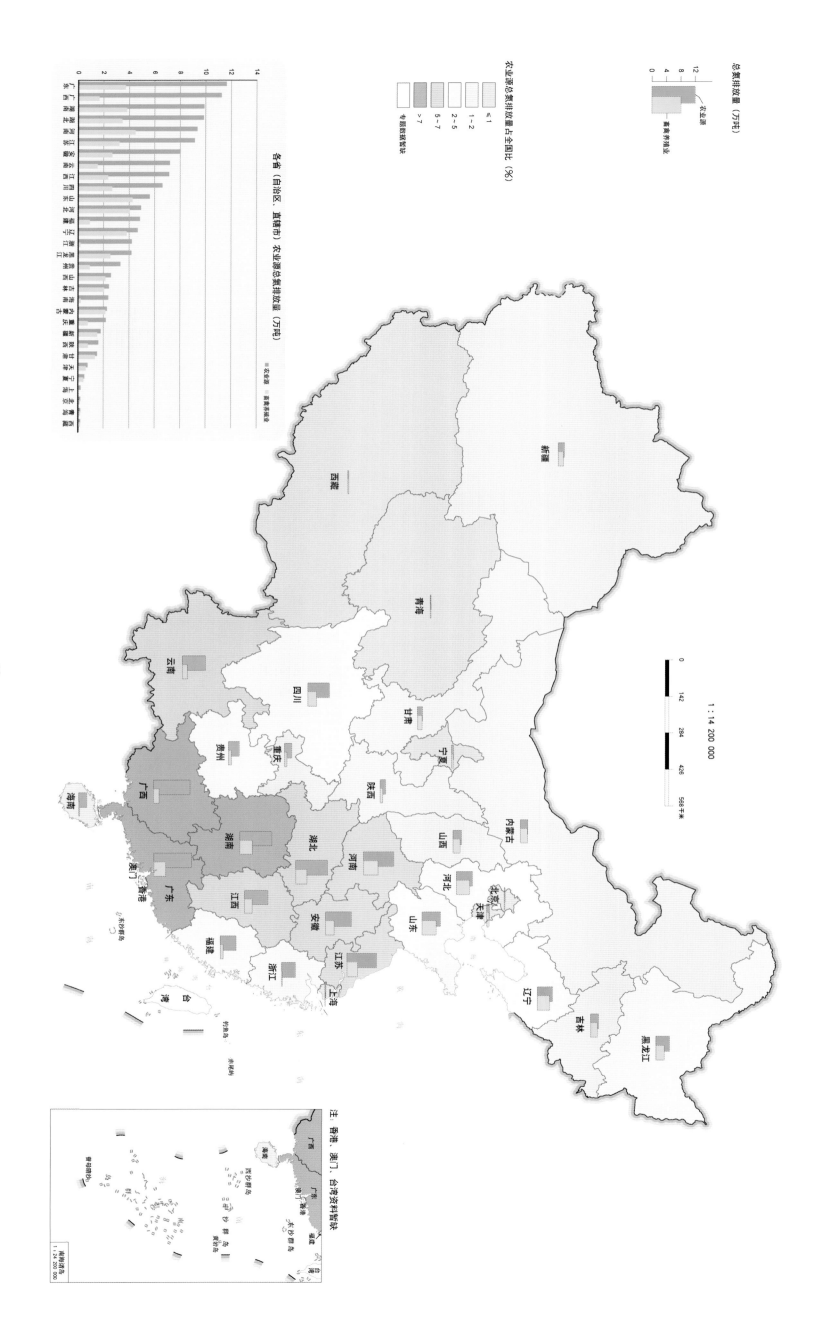

图1.12 各地区畜禽养殖业与农业源总氮排放情况

图1.13 各地区水产养殖业与农业源总氮排放情况

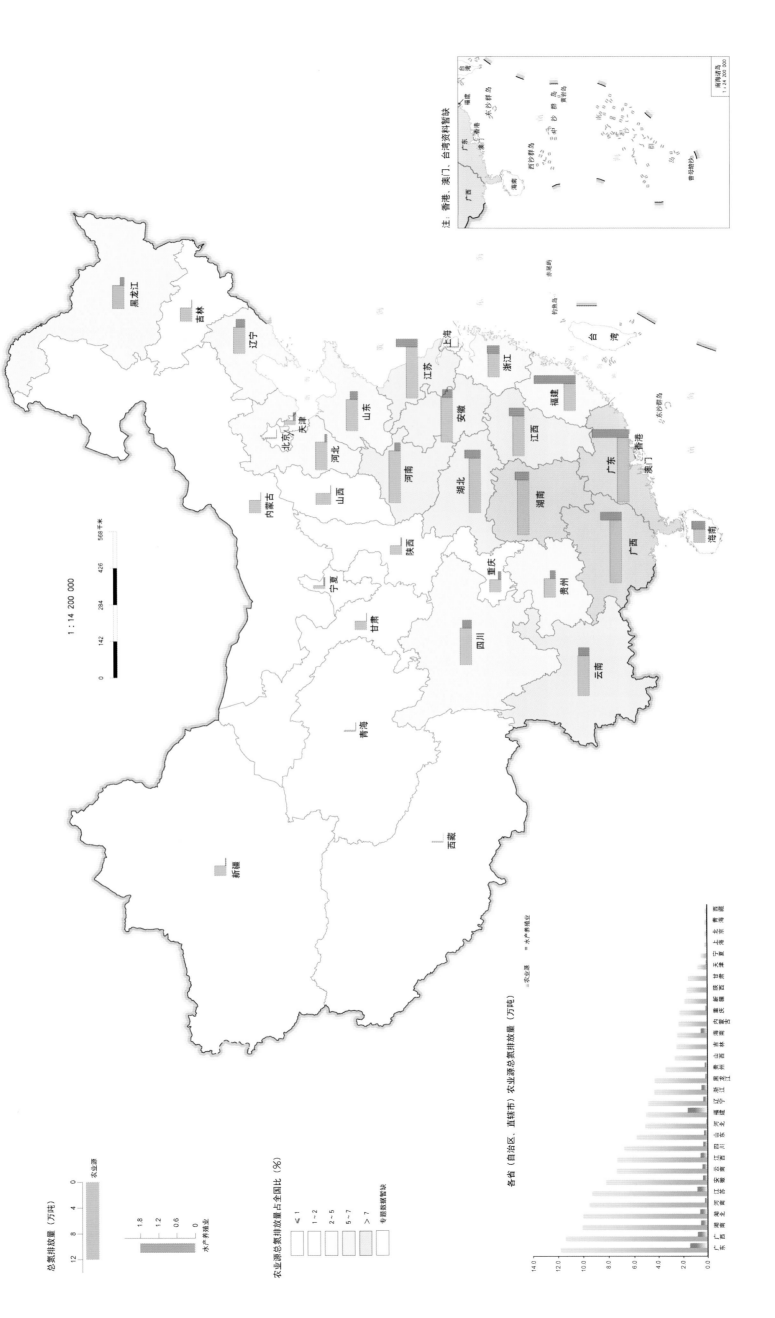

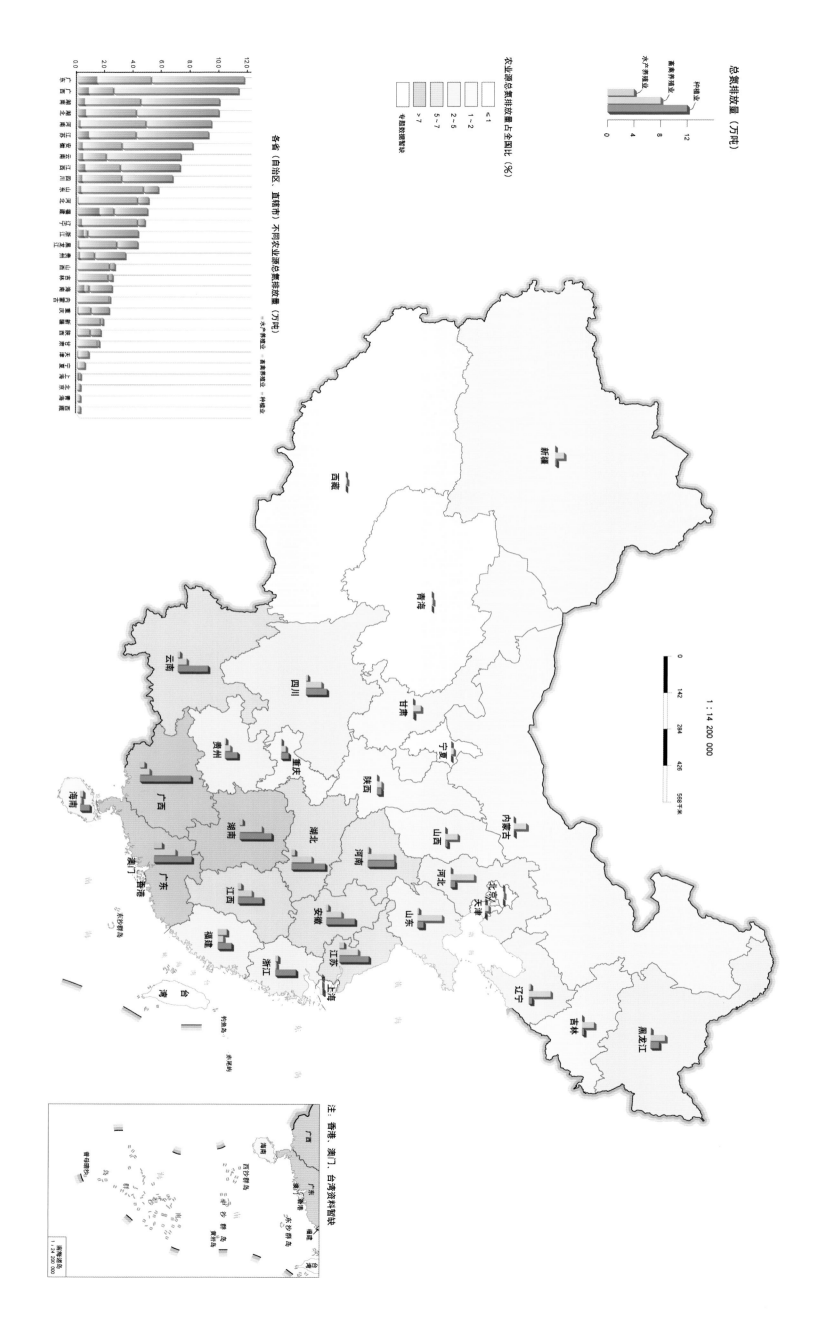

图1.14 各地区不同农业源总氮排放情况

总氮排放量（万吨）

水产养殖业
畜禽养殖业
种植业

农业源总氮排放量占全国比（%）

≤1
1~2
2~5
5~7
>7

专题数据暂缺

各省（自治区、直辖市）不同农业源总氮排放量（万吨）

畜禽养殖业
水产养殖业
种植业

注：香港、澳门、台湾资料暂缺

图1.15 各地区农业源总磷排放情况

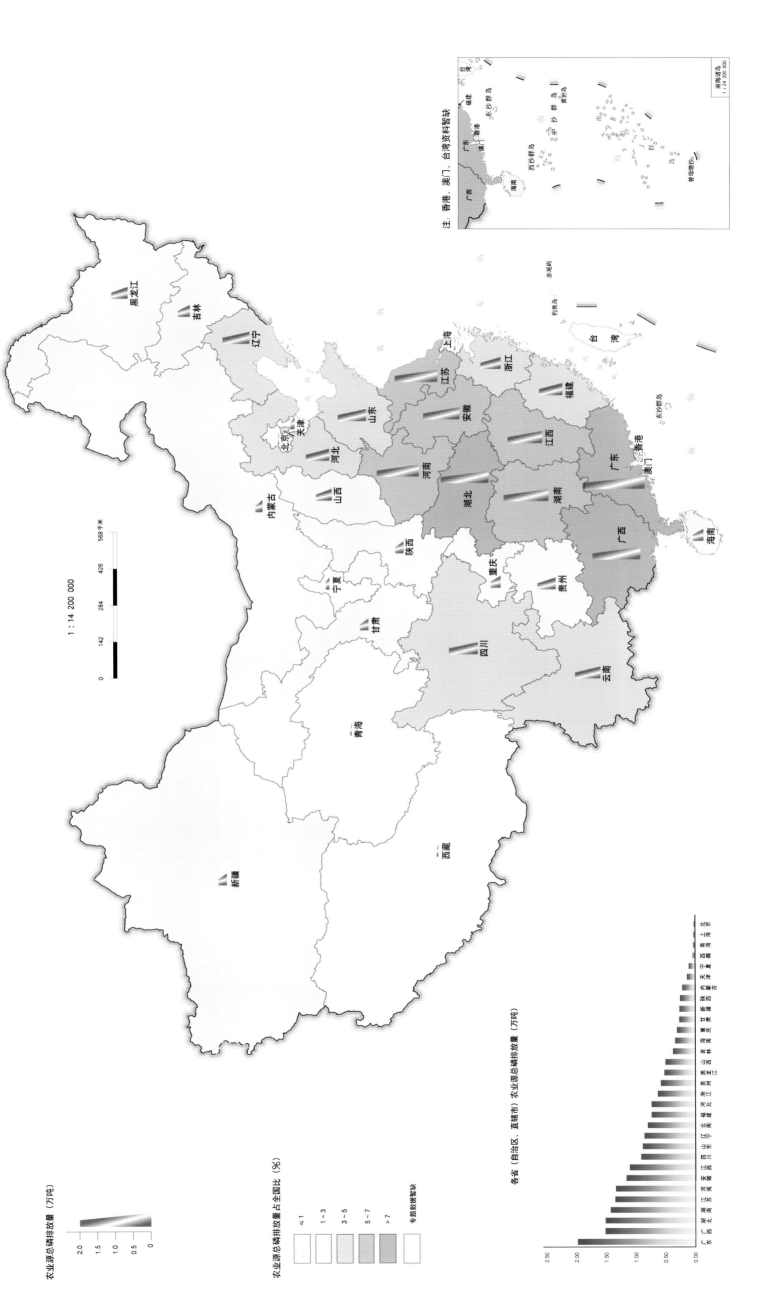

农业源总磷排放量（万吨）

2.0
1.5
1.0
0.5
0

农业源总磷排放量占全国比（%）

≤1
1～3
3～5
5～7
>7
专题数据暂缺

各省（自治区、直辖市）农业源总磷排放量（万吨）

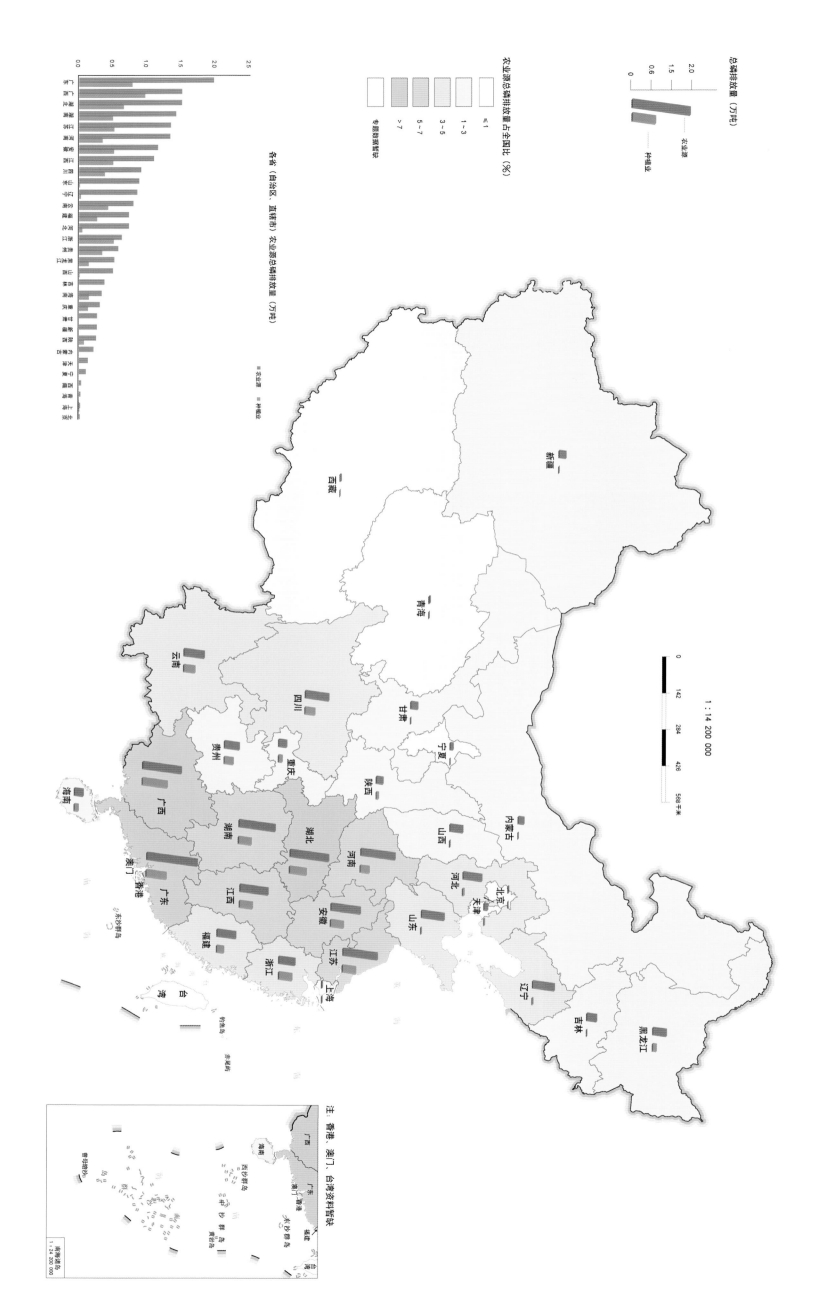

图1.16 各地区种植业与农业源总磷排放情况

图1.17 各地区畜禽养殖业与农业源总磷排放情况

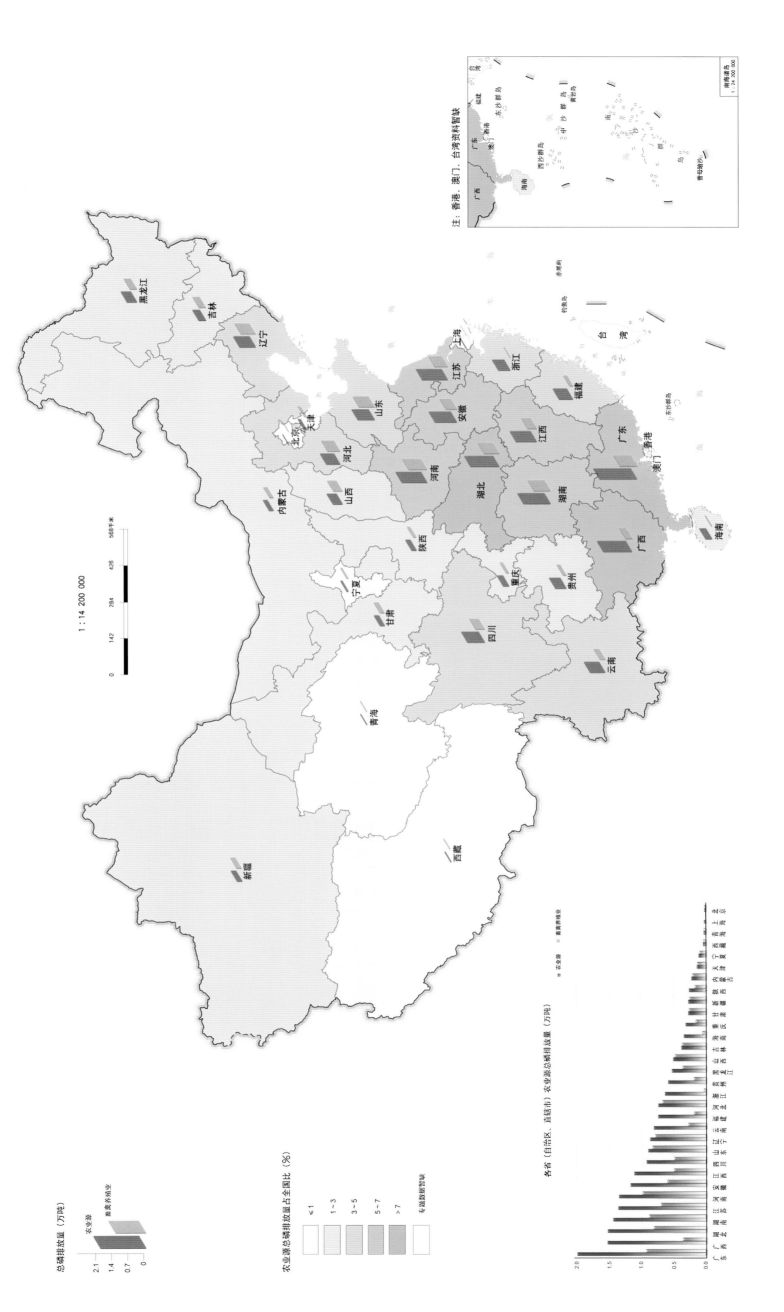

总磷排放量（万吨）

农业源

畜禽养殖业

2.1
1.4
0.7
0

农业源总磷排放量占全国比（%）

≤1
1～3
3～5
5～7
>7
资源数据暂缺

1:14 200 000

0 142 284 426 568千米

注：香港、澳门、台湾资料暂缺

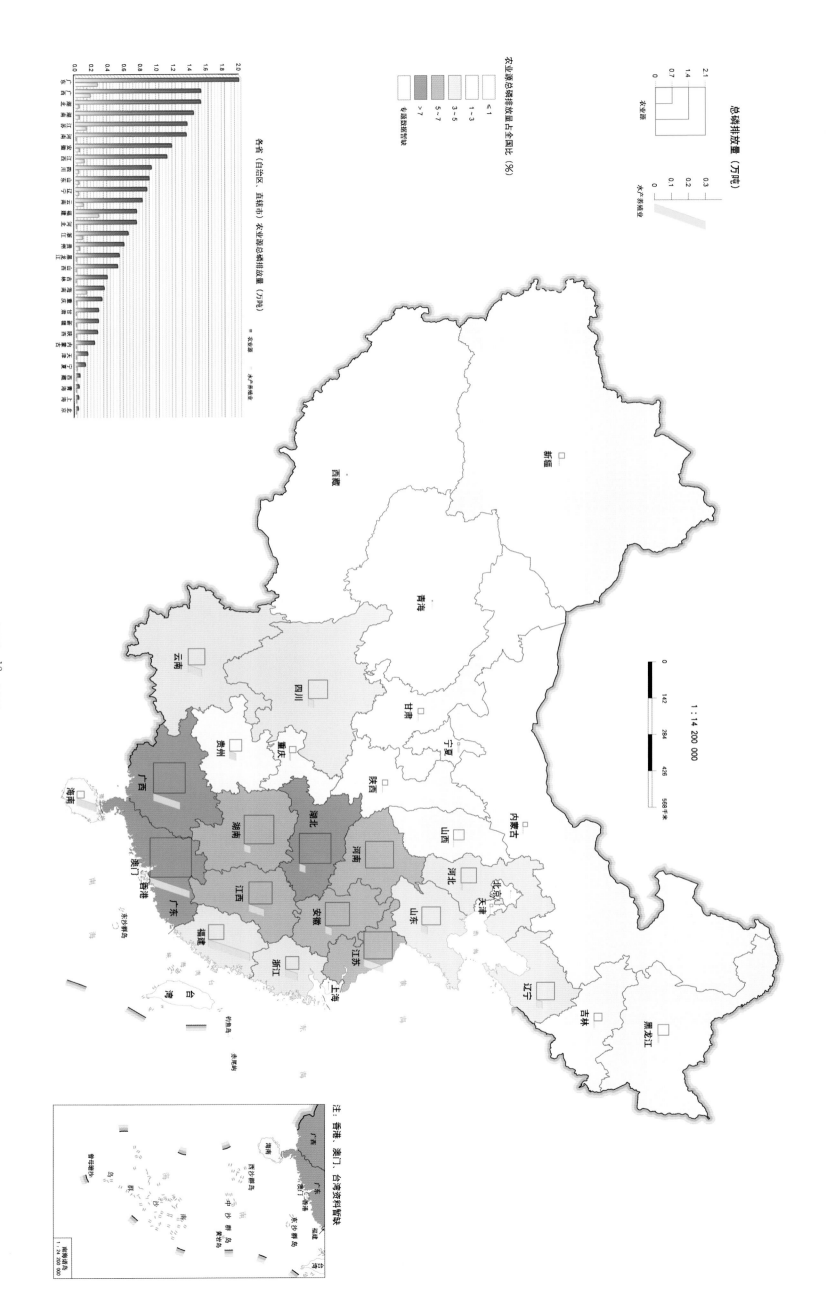

图 1.18 各地区水产养殖业与农业源总磷排放情况

图1.19 各地区不同农业源总磷排放情况

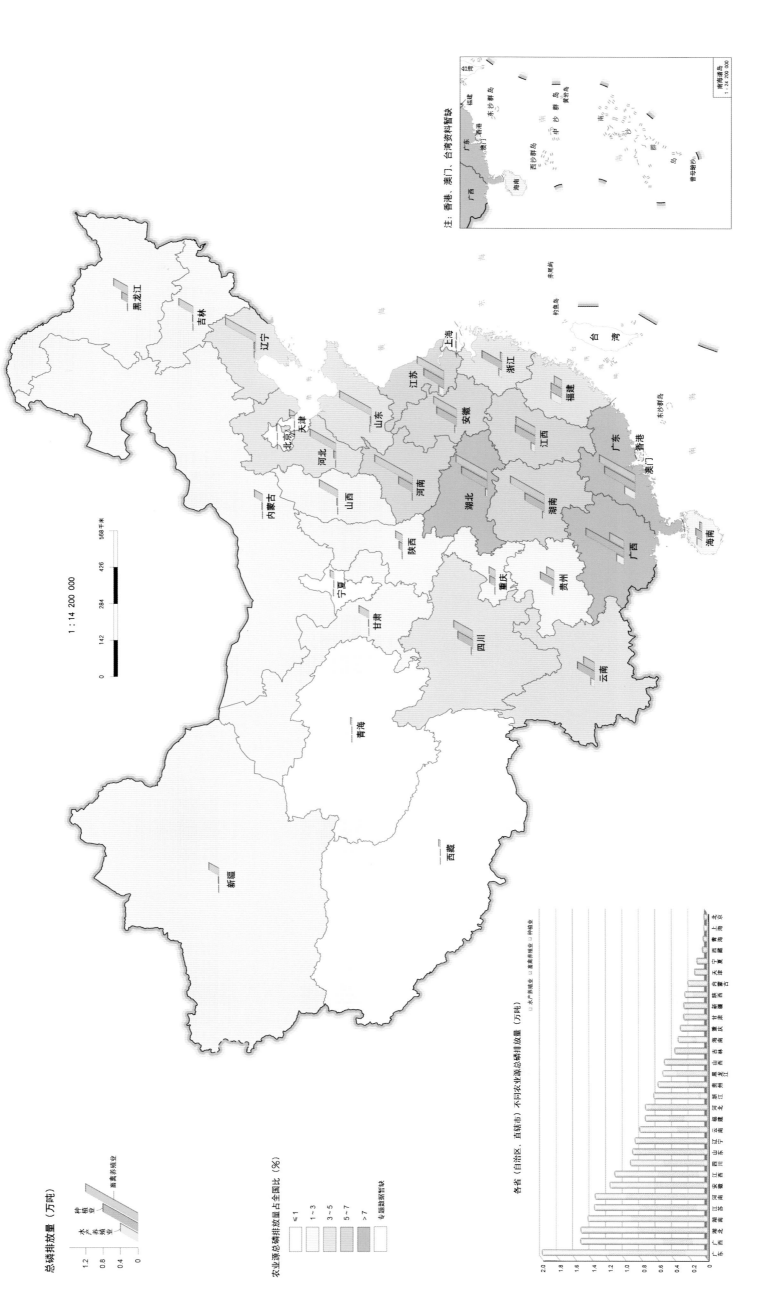

总磷排放量（万吨）

水产养殖业
种植业
畜禽养殖业

1.2
0.8
0.4
0

农业源总磷排放量占全国比（%）

≤1
1～3
3～5
5～7
>7
专题数据暂缺

注：香港、澳门、台湾资料暂缺

南海诸岛
1：24 200 000

1：14 200 000

0　142　284　426　568千米

各省（自治区、直辖市）不同农业源总磷排放量（万吨）

水产养殖业　畜禽养殖业　种植业

2.0
1.8
1.6
1.4
1.2
1.0
0.8
0.6
0.4
0.2

广东　广西　湖南　湖北　四川　江西　安徽　江苏　河南　福建　云南　河北　山西　贵州　浙江　辽宁　山东　江西　吉林　黑龙江　甘肃　重庆　陕西　新疆　内蒙古　宁夏　天津　青海　海南　北京　上海

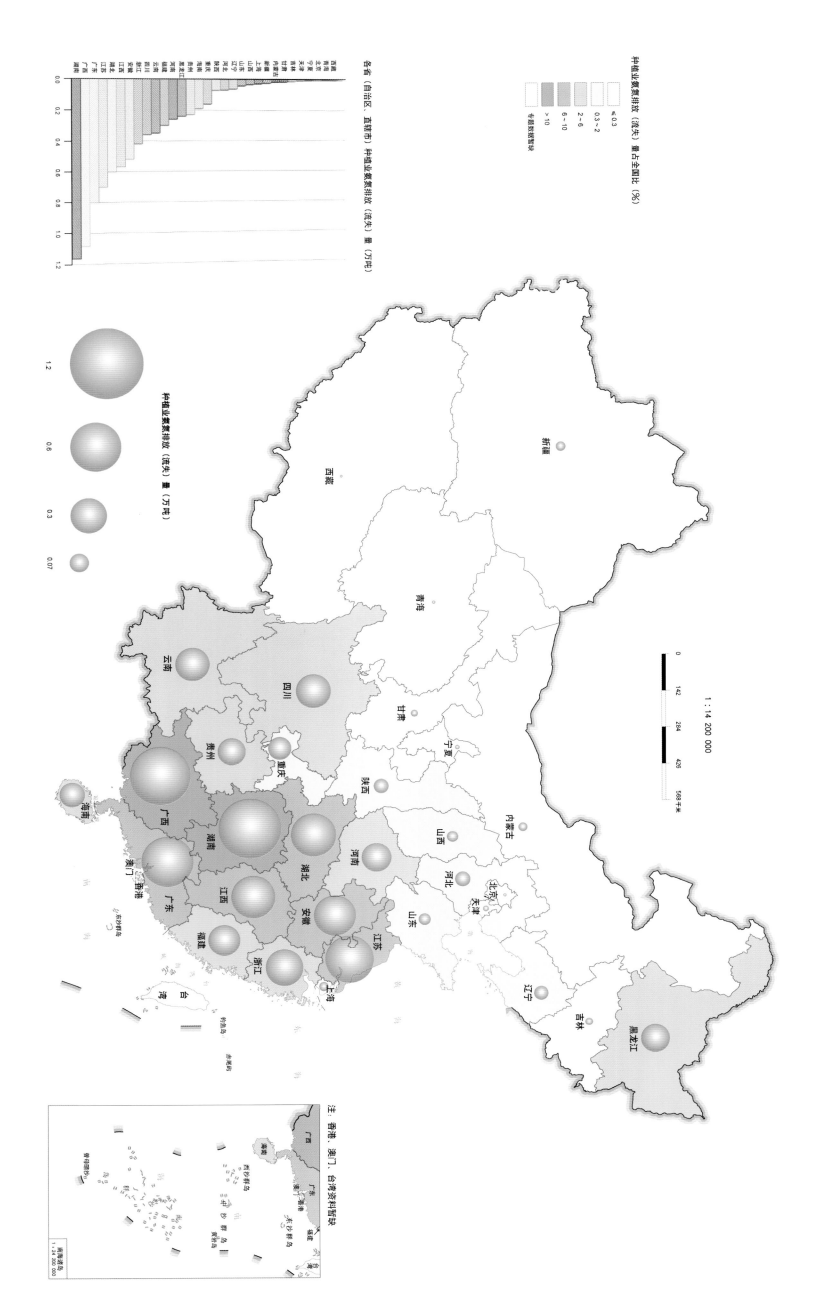

图 2.1 各地区种植业氨氮排放（流失）情况

— 20 —

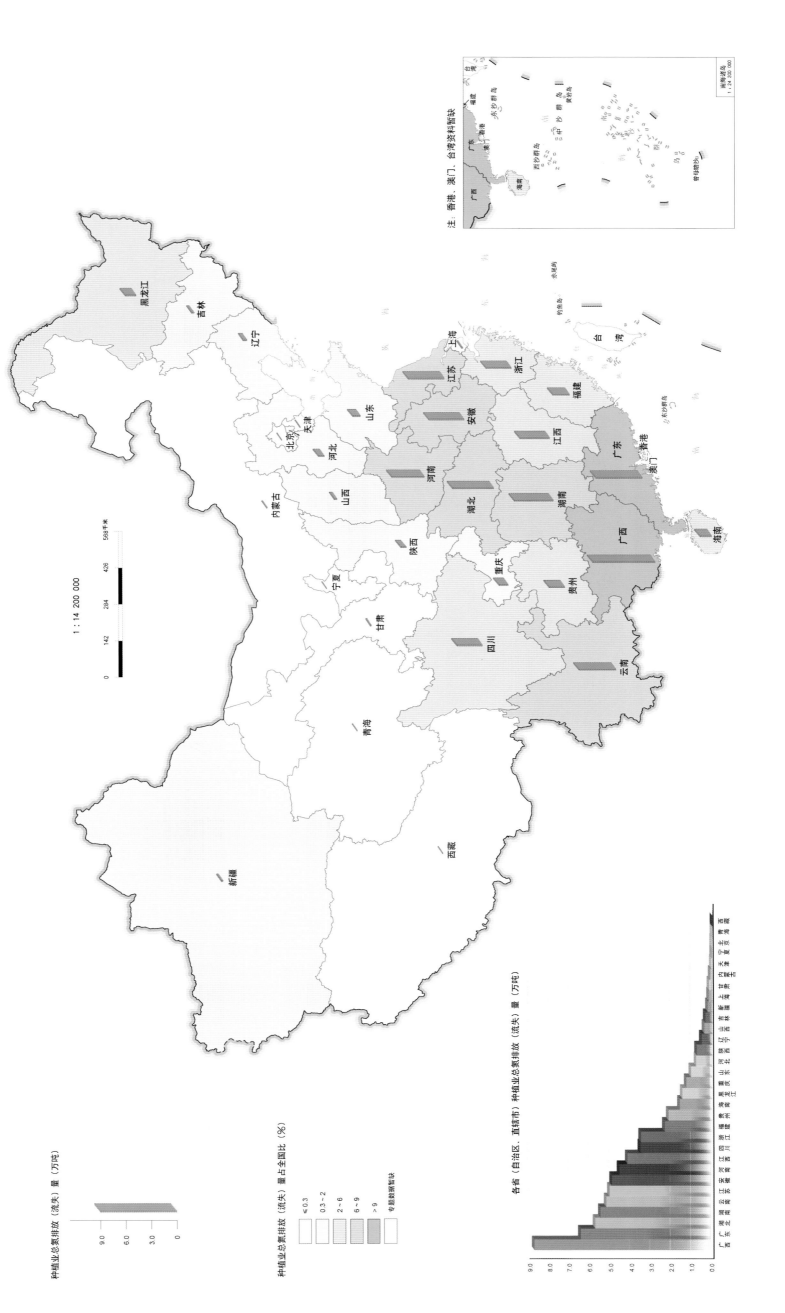

图2.2 各地区种植业总氮排放（流失）情况

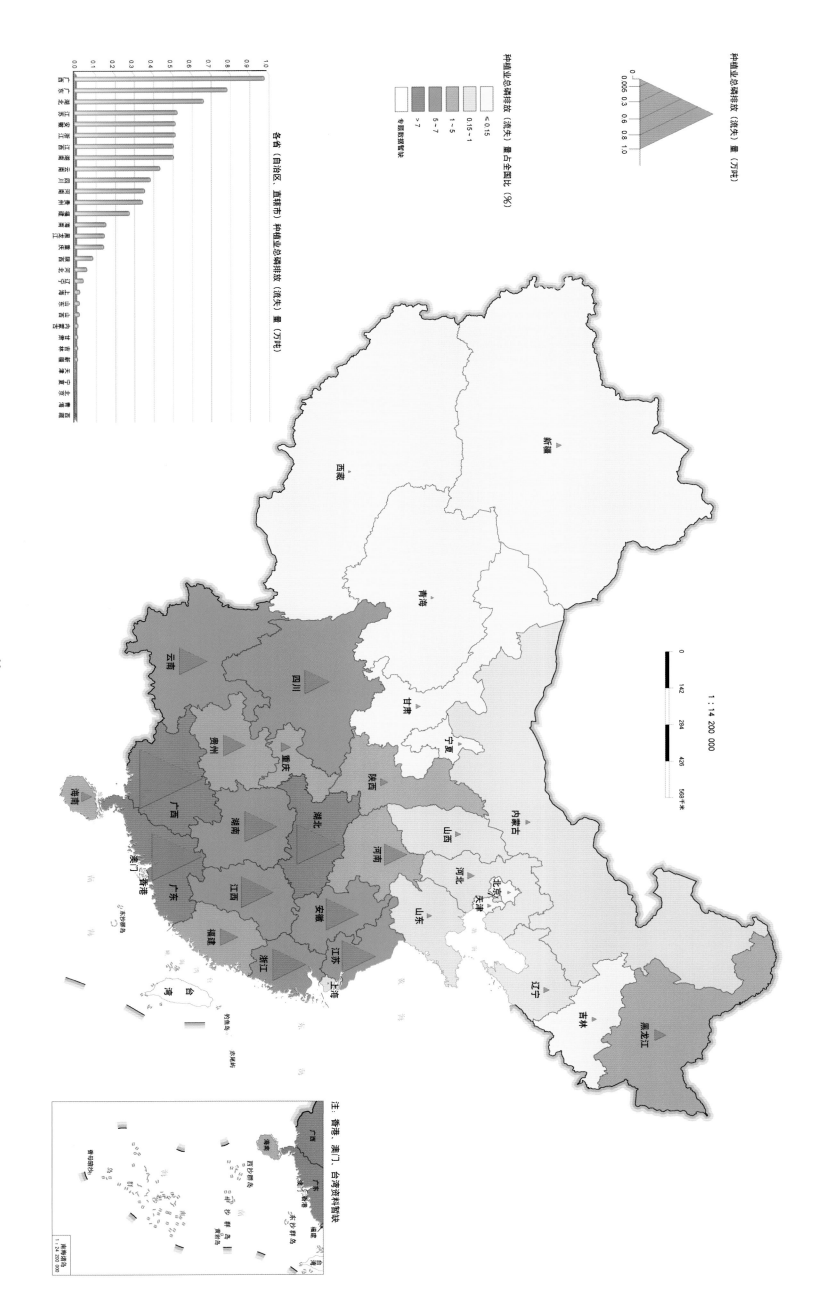

图2.3 各地区种植业总磷排放（流失）情况

种植业总磷排放（流失）量（万吨）

各省（自治区、直辖市）种植业总磷排放（流失）量（万吨）

种植业总磷排放（流失）量占全国比（%）

≤0.15
0.15~1
1~5
5~7
>7

专题数据缺失

1：14 200 000

0   142   284   426   568千米

注：香港、澳门、台湾资料暂缺

1：24 200 000

—— 22 ——

图2.4 种植业典型地块抽样调查情况

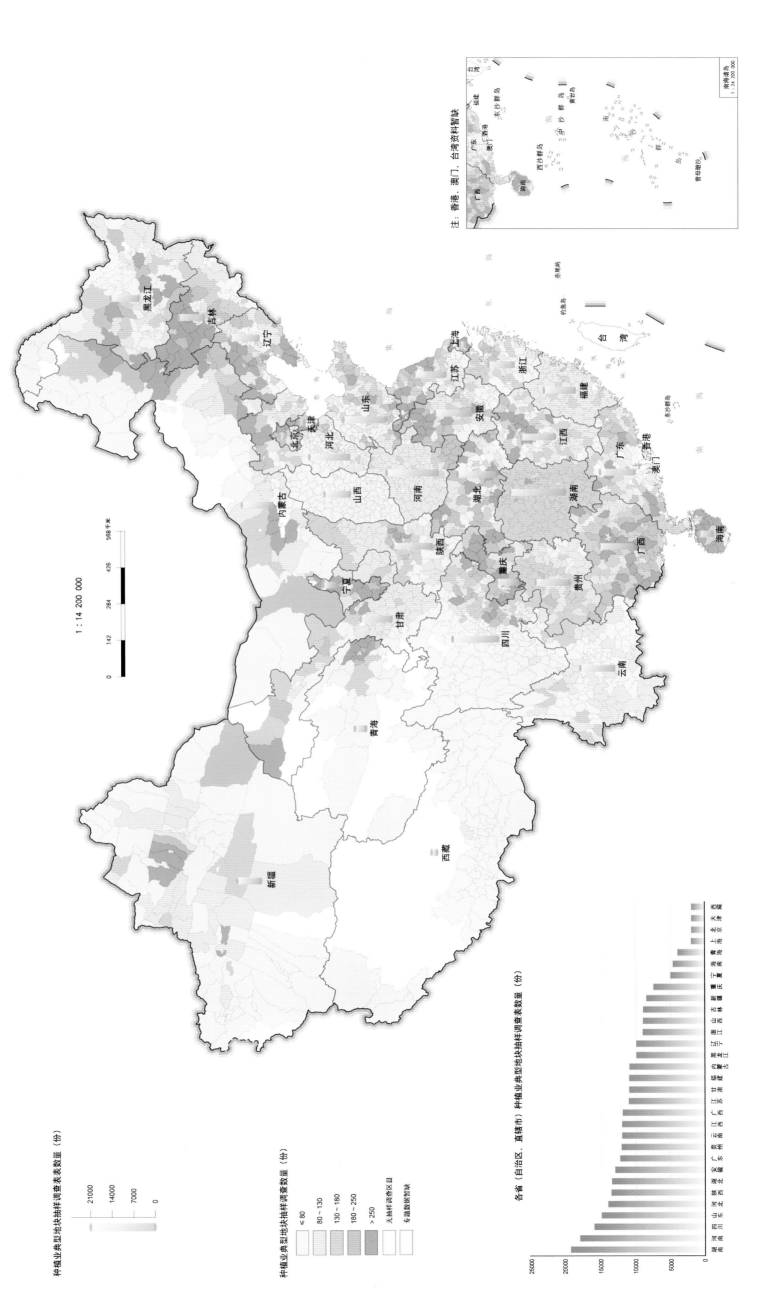

种植业典型地块抽样调查表数量（份）

21000
14000
7000
0

种植业典型地块样调查数量（份）

≤80
80～130
130～180
180～250
>250
无地样调查区县
专题数据暂缺

各省（自治区、直辖市）种植业典型地块抽样调查表数量（份）

1 : 14 200 000

0   142   284   426   568 千米

注：香港、澳门、台湾资料暂缺

南海诸岛
1 : 24 200 000

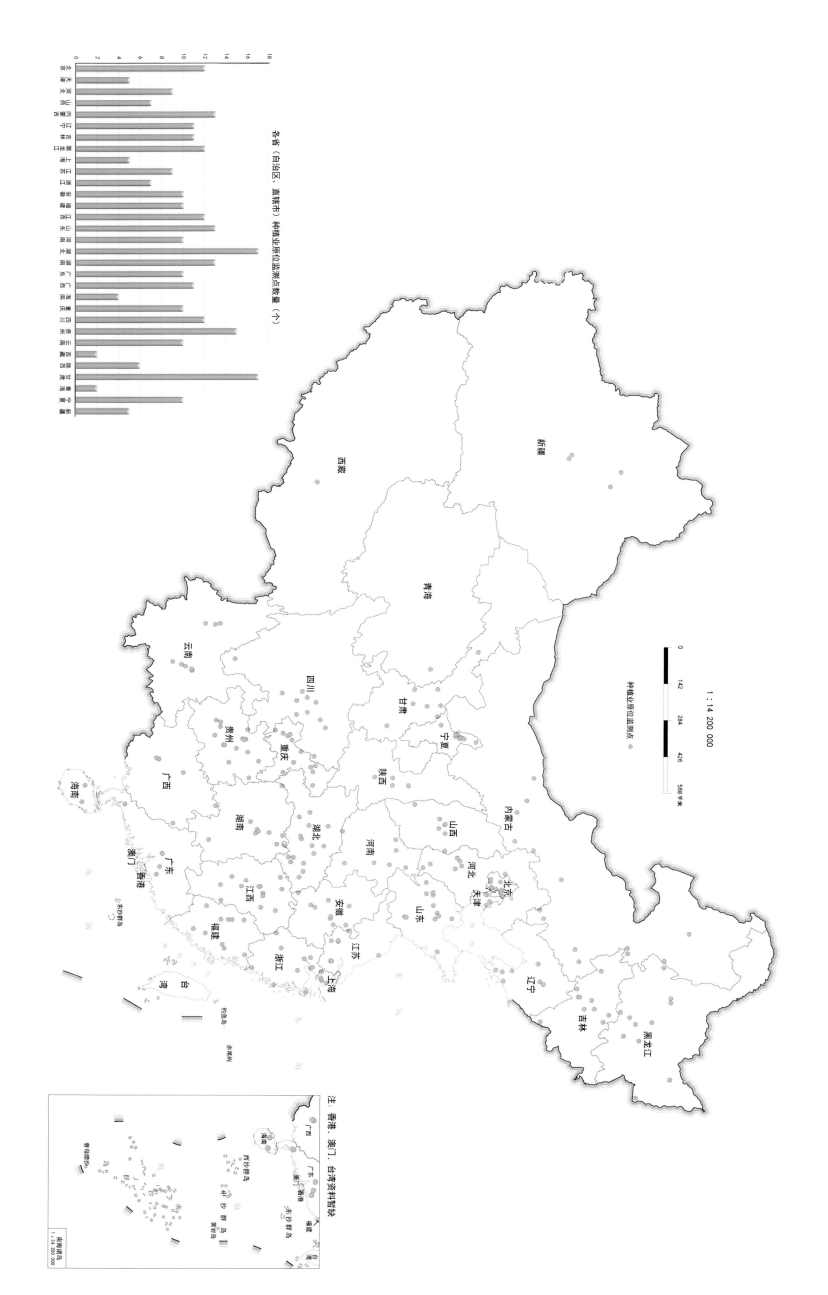

图 2.5 种植业原位监测点位分布情况

各省（自治区、直辖市）种植业原位监测点数量（个）

1 : 14 200 000

种植业原位监测点

注：香港、澳门、台湾资料暂缺

图3.1 各地区秸秆产生情况

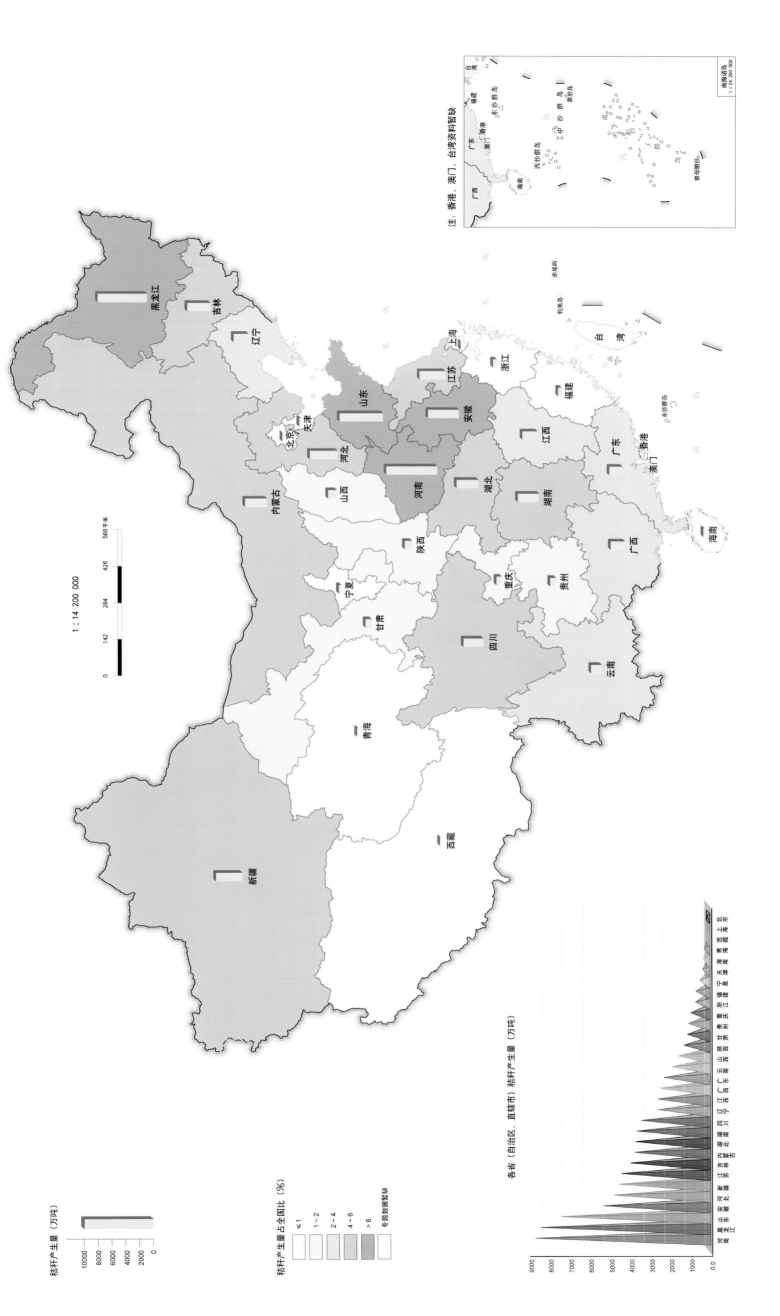

秸秆产生量（万吨）

10000
8000
6000
4000
2000
0

秸秆产生量占全国比（%）

≤1
1~2
2~4
4~6
>6
专题数据暂缺

1 : 14 200 000

0   142   284   426   568 千米

各省（自治区、直辖市）秸秆产生量（万吨）

9000
8000
7000
6000
5000
4000
3000
2000
1000
0.0

河南 山东 黑龙江 河北 安徽 江苏 新疆 内蒙古 湖北 四川 湖南 辽宁 吉林 江西 广东 山西 陕西 云南 广西 贵州 甘肃 重庆 福建 浙江 宁夏 天津 青海 上海 西藏 海南 北京

注：香港、澳门、台湾资料暂缺

南海诸岛
1 : 24 200 000

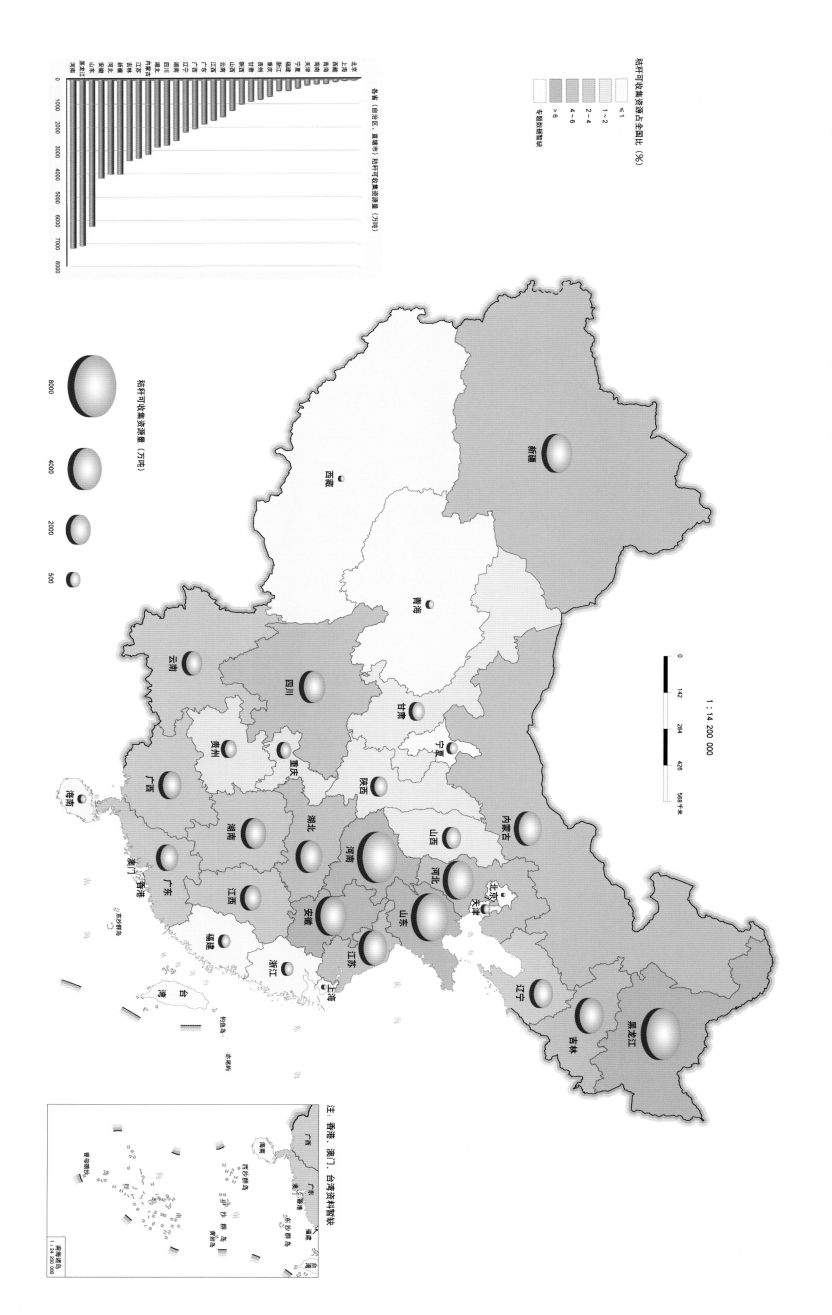

图3.2 各地区秸秆可收集资源情况

秸秆可收集资源占全国比（%）
≤1　1~2　2~4　4~6　>6　专题数据缺失

秸秆可收集资源量（万吨）
8000　4000　2000　500

各省（自治区、直辖市）秸秆可收集资源量（万吨）

1:14 200 000
0　142　284　426　568千米

注：香港、澳门、台湾资料暂缺

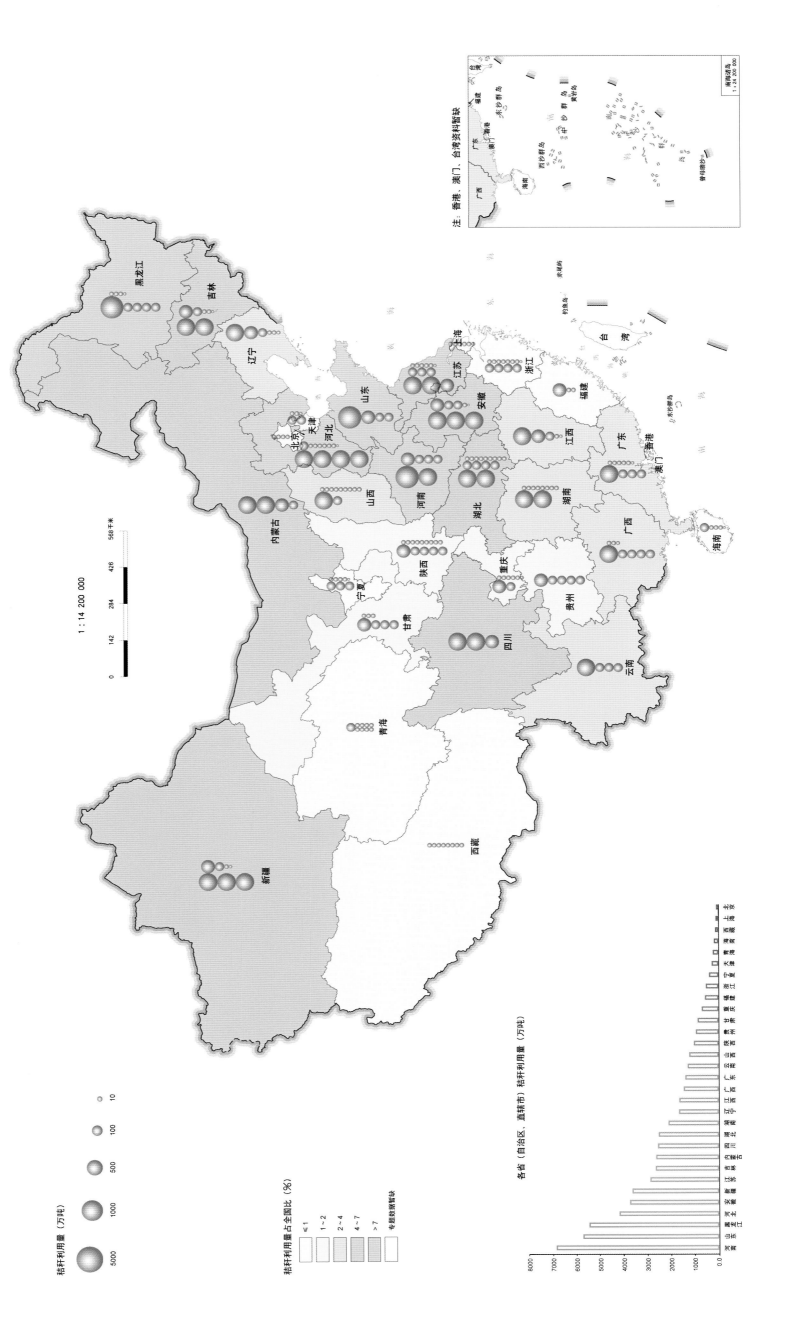

图3.3 各地区秸秆利用情况

秸秆利用量（万吨）

5000

1000

500

100

10

秸秆利用量占全国比（%）

≤1
1～2
2～4
4～7
>7
专题数据暂缺

1 : 14 200 000

0　142　284　426　568千米

各省（自治区、直辖市）秸秆利用量（万吨）

注：香港、澳门、台湾资料暂缺

南海诸岛
1 : 24 200 000

— 27 —

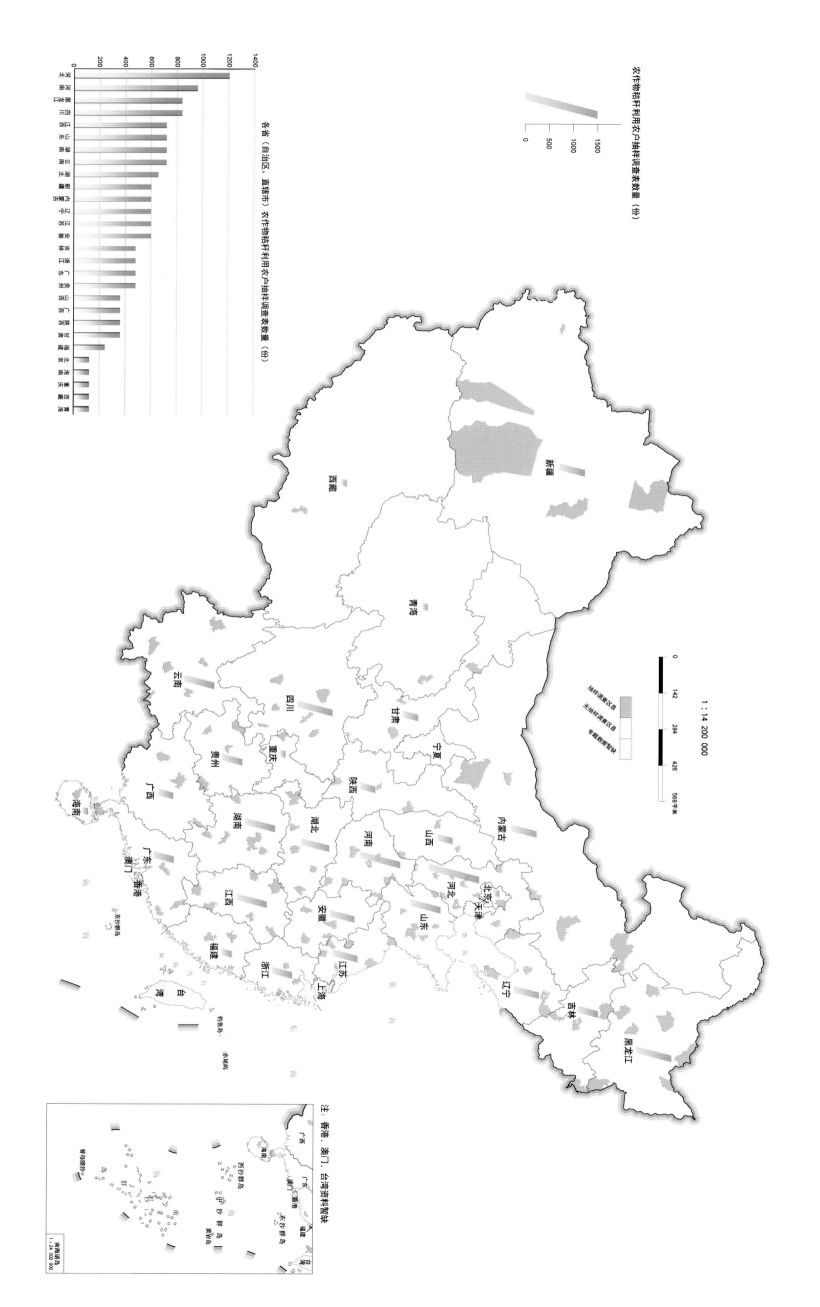

图 3.4 农作物秸秆利用农户抽样调查情况

— 28 —

图3.5 农作物秸秆原位监测点位分布情况

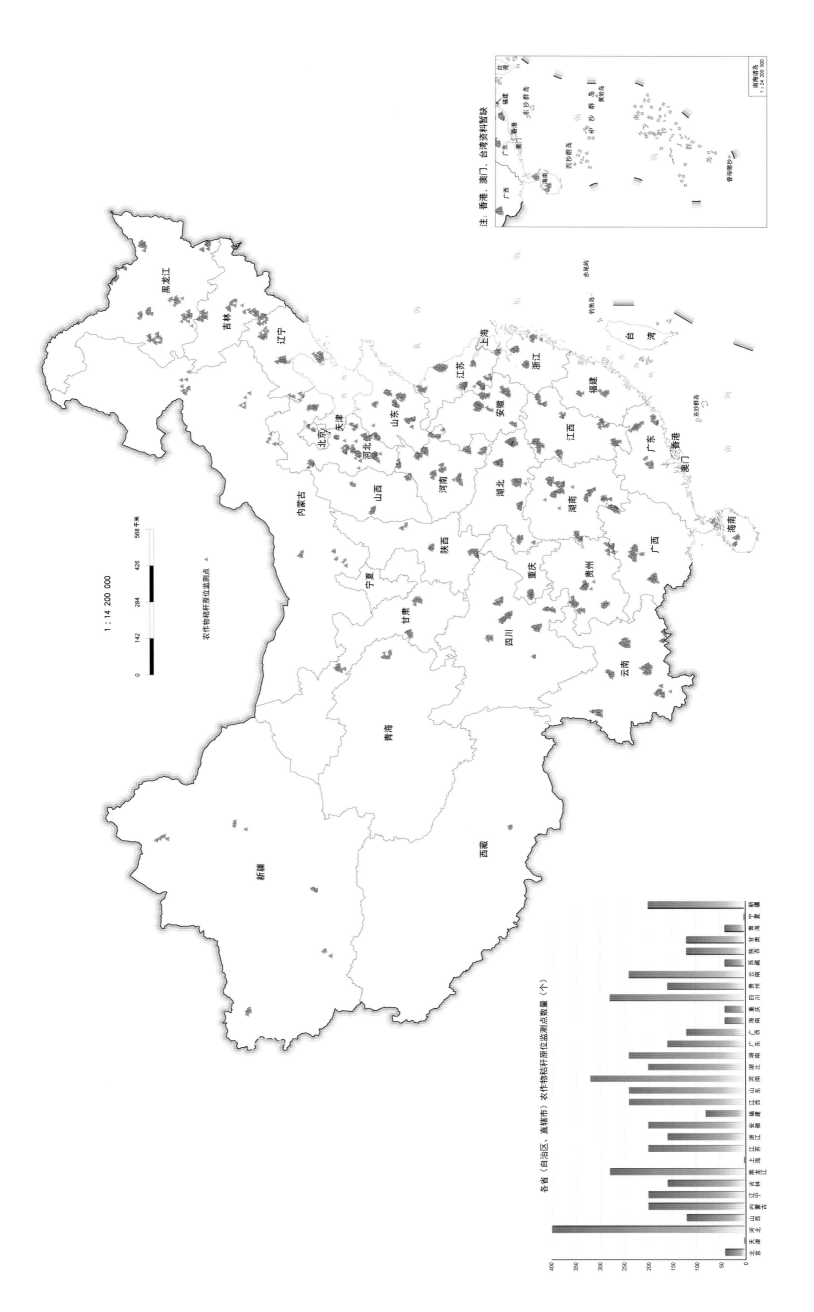

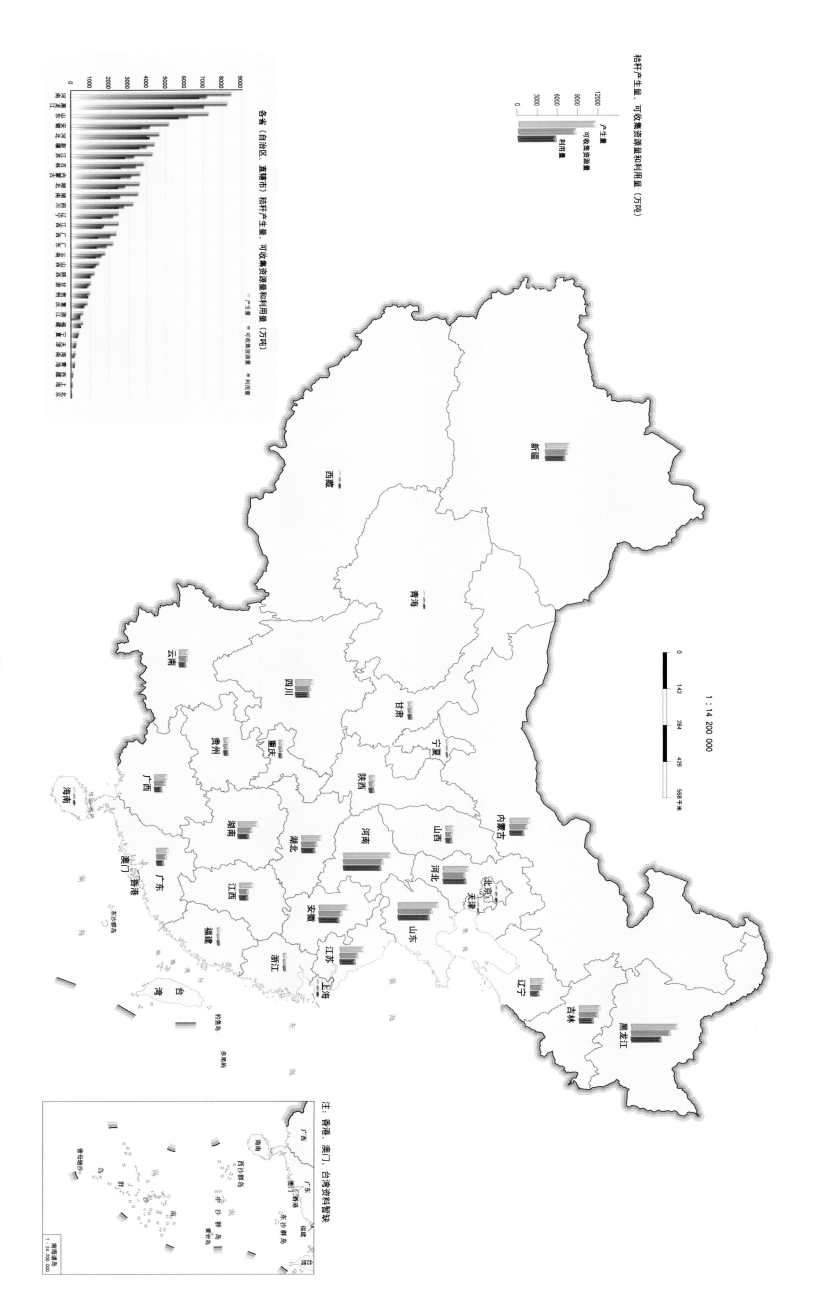

图3.6 各地区秸秆产生量、可收集资源量和利用量情况

秸秆产生量、可收集资源量和利用量（万吨）

产生量
可收集资源量
利用量

各省（自治区、直辖市）秸秆产生量、可收集资源量和利用量（万吨）

产生量
可收集资源量
利用量

1：14 200 000

1：24 000 000

注：香港、澳门、台湾资料暂缺。

图4.1 各地区地膜使用情况

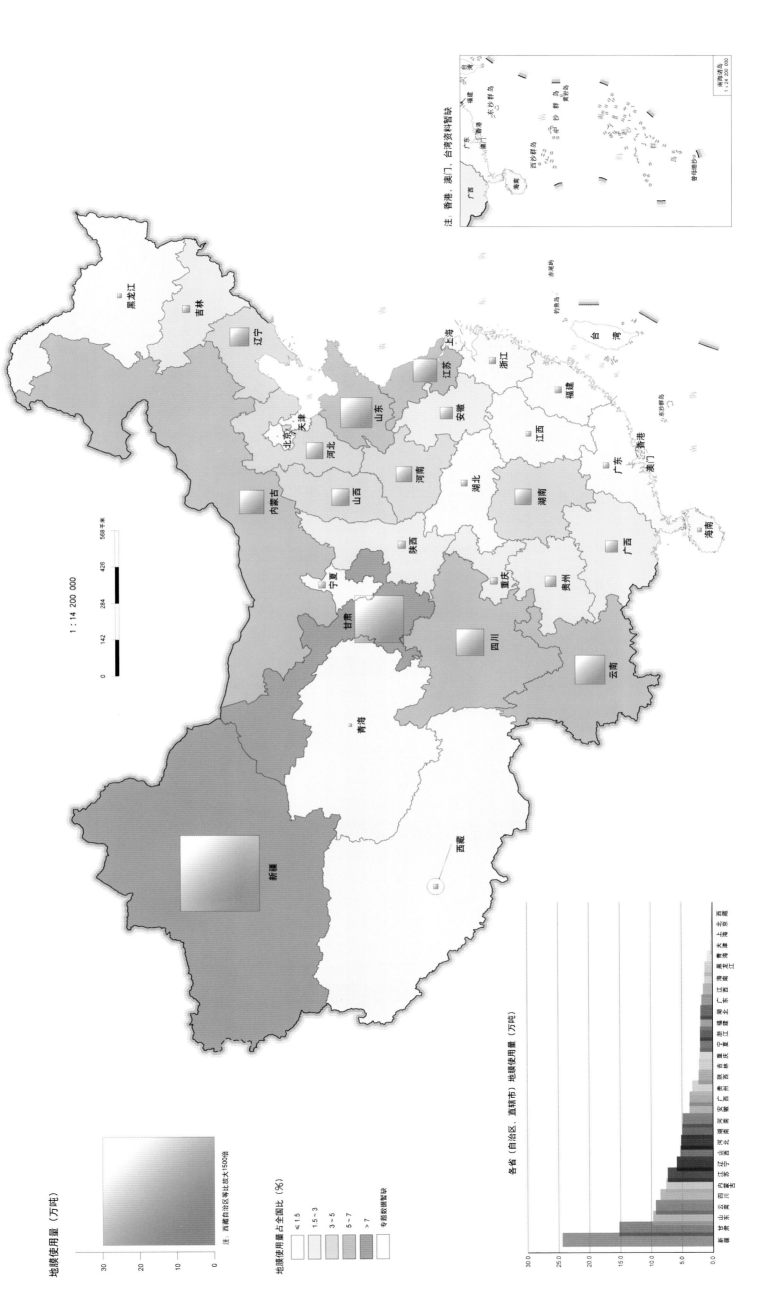

地膜使用量（万吨）

30

20

10

0

注：西藏自治区等比放大1500倍

地膜使用量占全国比（%）

≤1.5

1.5～3

3～5

5～7

>7

专题数据暂缺

各省（自治区、直辖市）地膜使用量（万吨）

30.0

25.0

20.0

15.0

10.0

5.0

0.0

1：14 200 000

0   142   284   426   568千米

黑龙江

吉林

辽宁

上海

江苏

浙江

安徽

福建

江西

湖北

湖南

广东

香港

澳门

海南

广西

重庆

贵州

四川

云南

西藏

青海

新疆

甘肃

宁夏

陕西

内蒙古

山西

河南

河北

北京

天津

山东

注：香港、澳门、台湾资料暂缺

南海诸岛
1：24 200 000

31

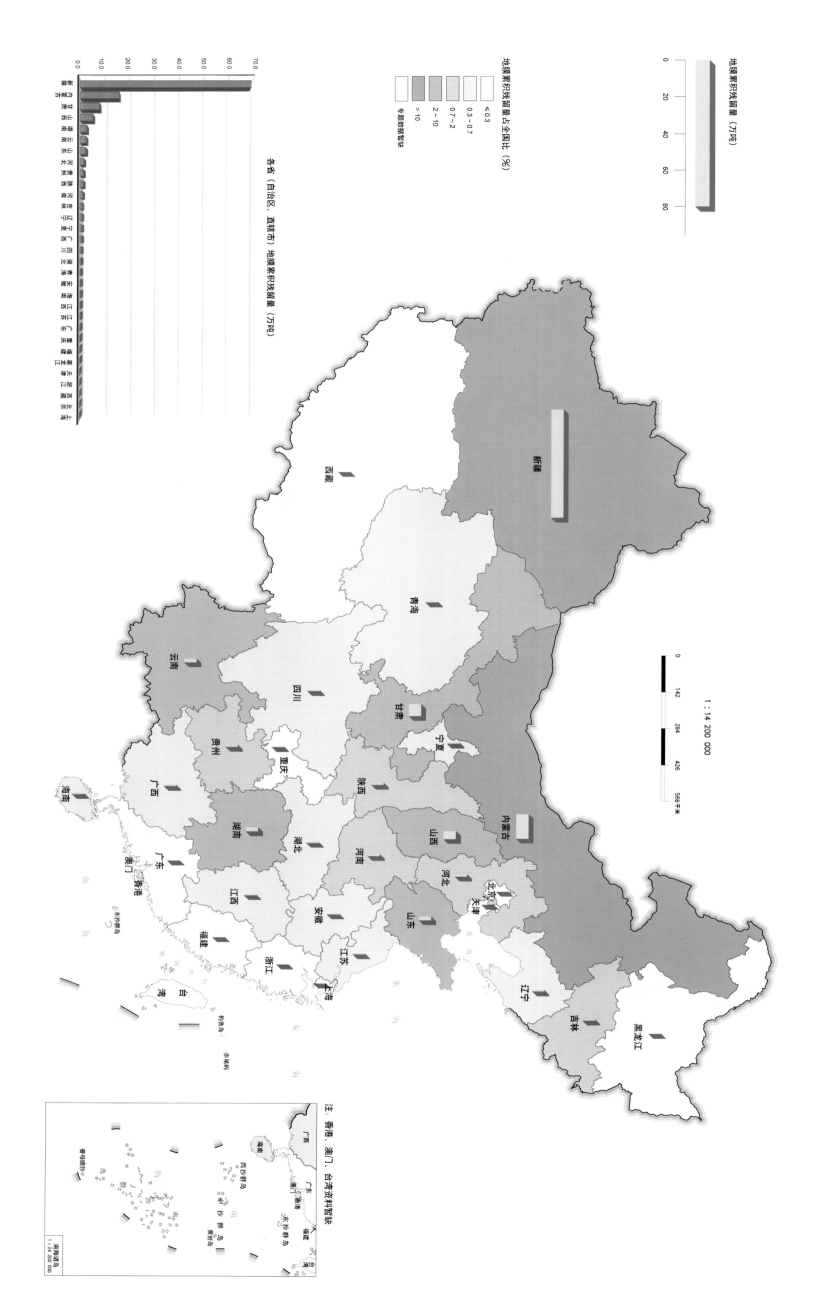

图 4.2 各地区地膜累积残留情况

地膜累积残留量（万吨）

地膜累积残留量占全国比（%）

各省（自治区、直辖市）地膜累积残留量（万吨）

地膜累积残留量（万吨）

专题数据缺失

< 0.3
0.3 ~ 0.7
0.7 ~ 2
2 ~ 10
> 10

1 : 14 200 000

注：香港、澳门、台湾资料暂缺

图4.3 各地区地膜覆盖情况

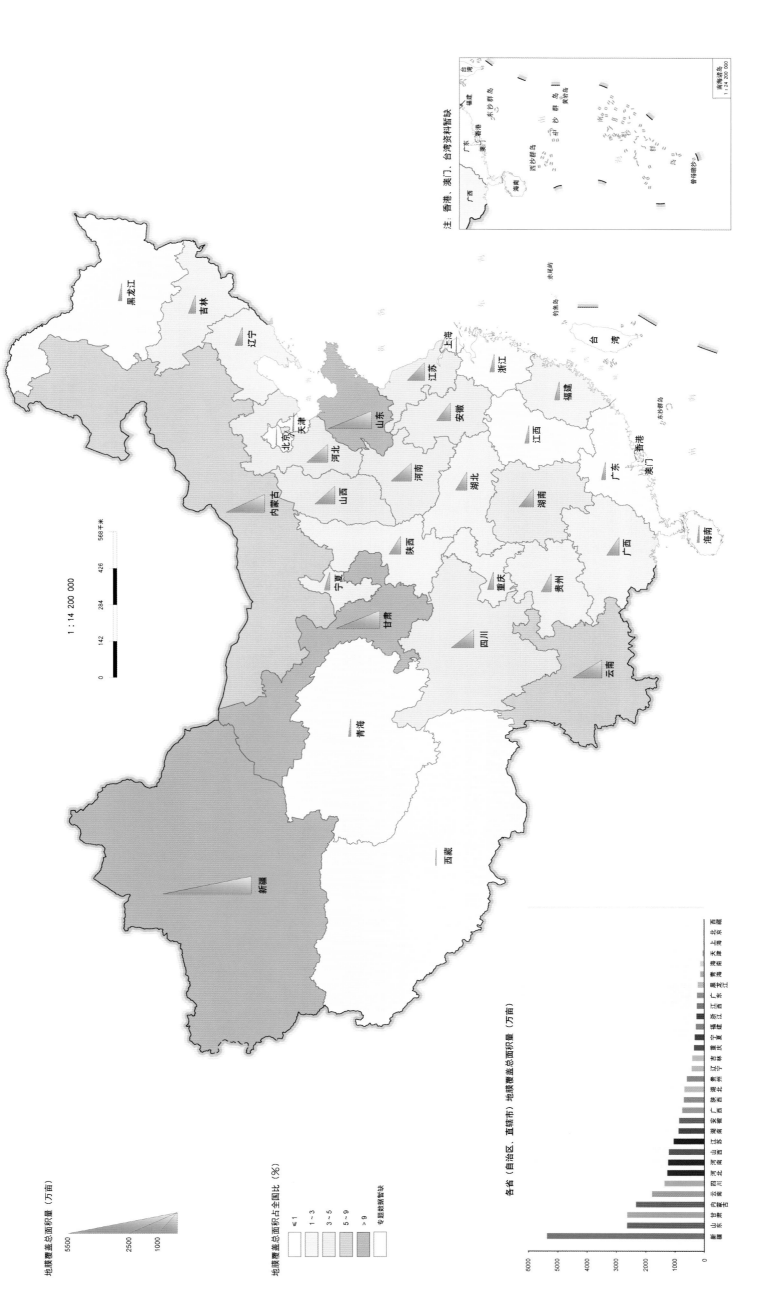

地膜覆盖总面积量（万亩）

5500

2500

1000

1 : 14 200 000

0   142   284   426   568千米

地膜覆盖总面积占全国比（%）

≤1
1～3
3～5
5～9
＞9
专题数据暂缺

各省（自治区、直辖市）地膜覆盖总面积量（万亩）

注：香港、澳门、台湾资料暂缺

南海诸岛
1 : 24 200 000

33

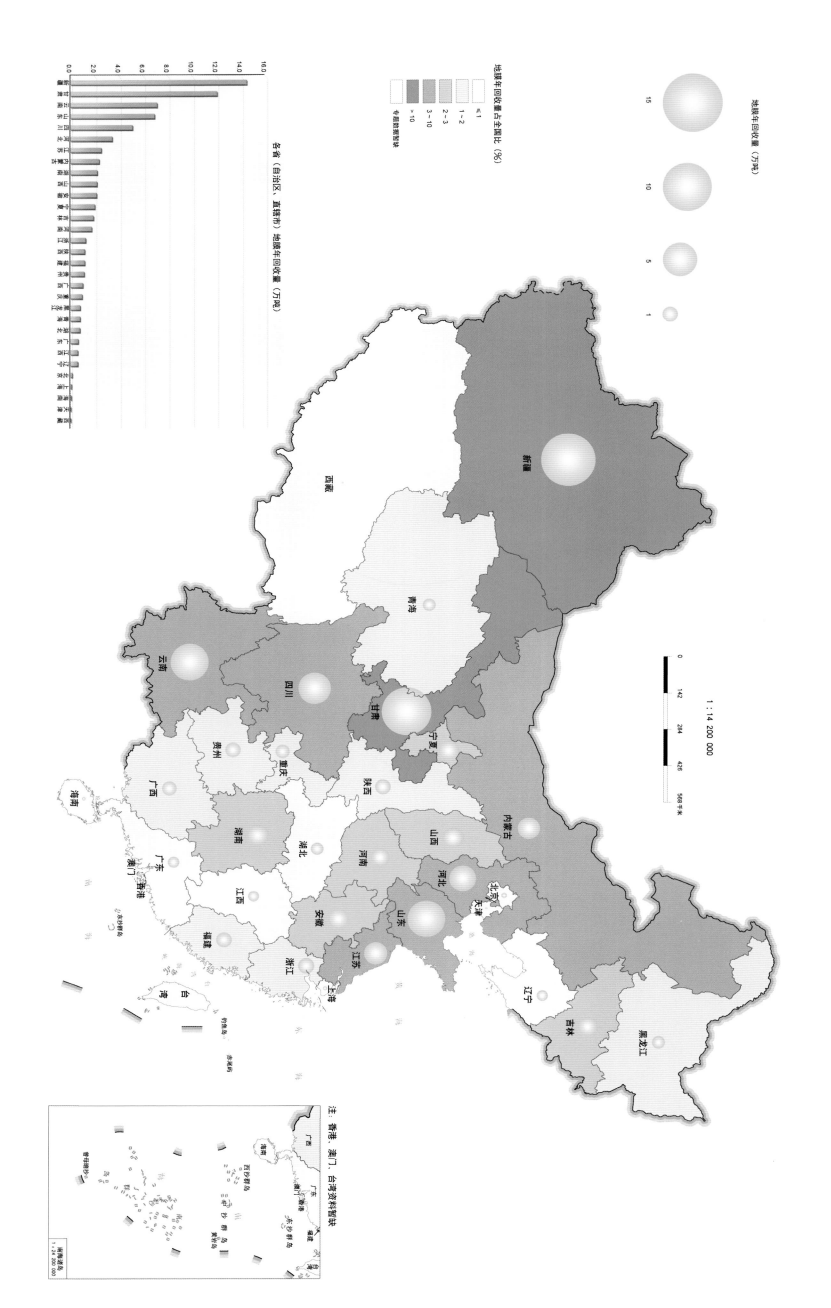

图 4.4 各地区地膜年回收情况

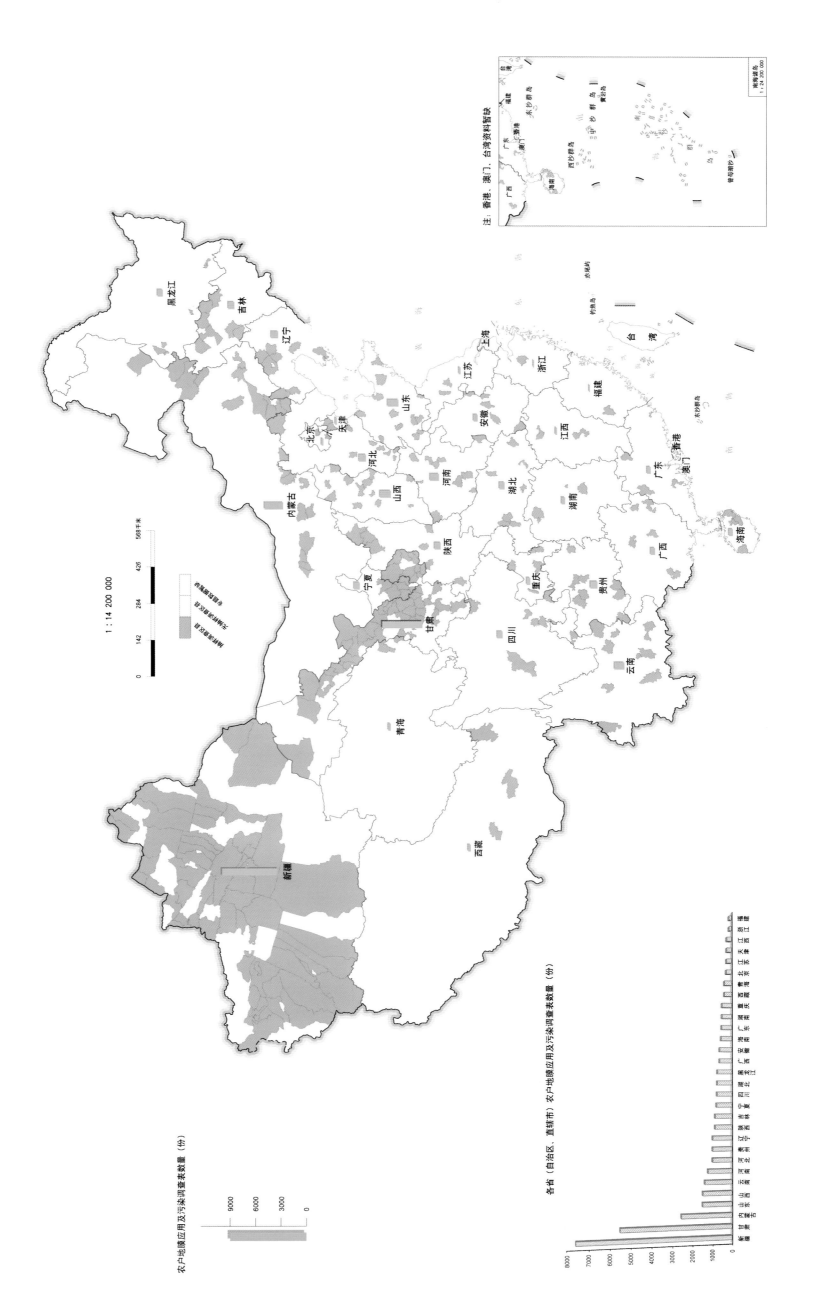

图4.5 农户地膜应用及污染调查情况

农户地膜应用及污染调查表数量（份）

各省（自治区、直辖市）农户地膜应用及污染调查表数量（份）

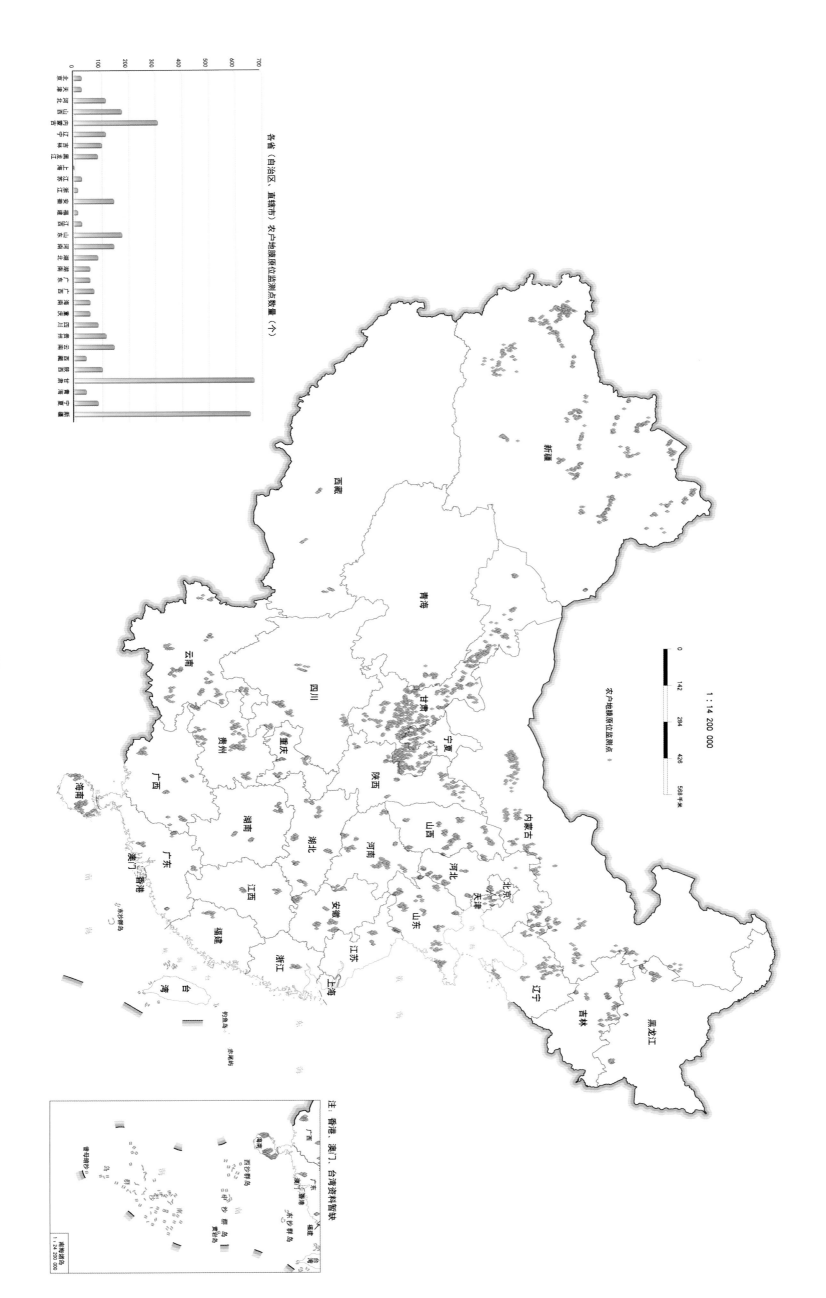

图4.6 农户地膜原位监测点位分布情况

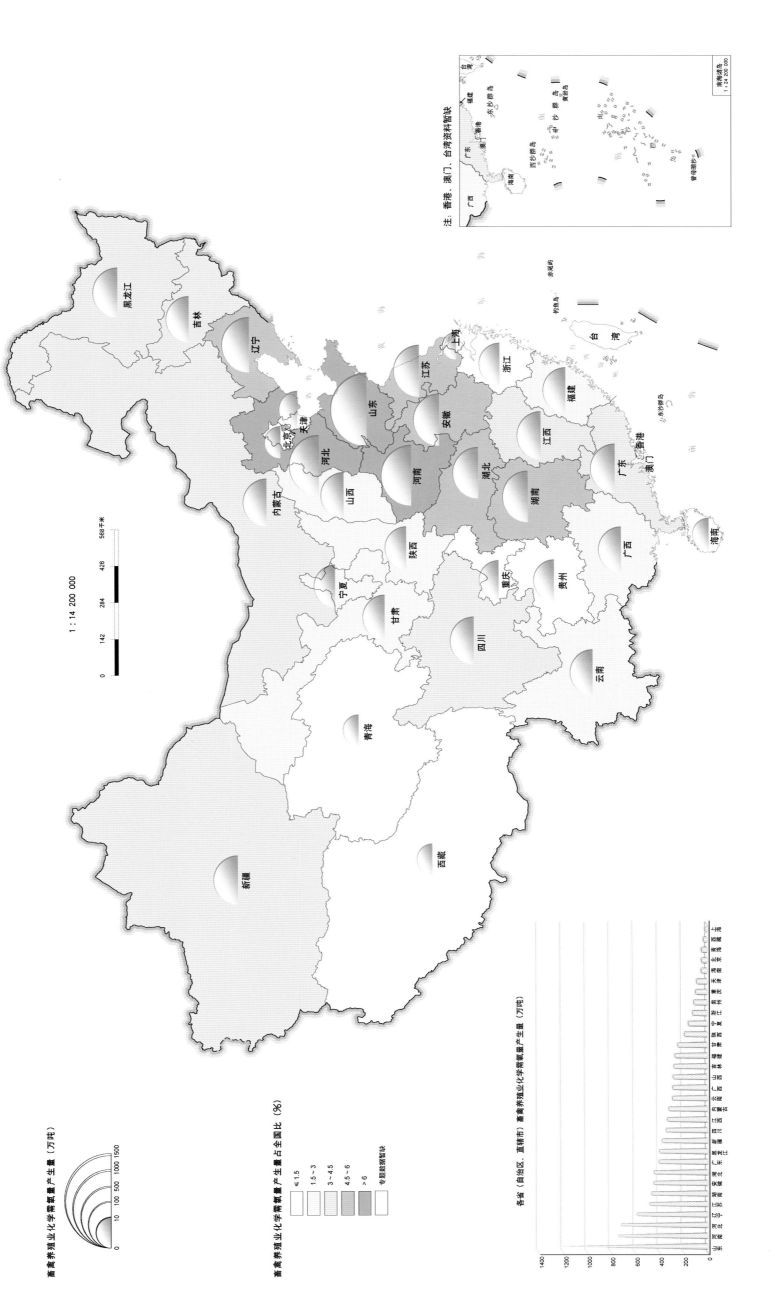

图5.1 各地区畜禽养殖业化学需氧量产生情况

畜禽养殖业化学需氧量产生量（万吨）

1 : 14 200 000

0   142   284   426   568千米

畜禽养殖业化学需氧量产生量（万吨）

畜禽养殖业化学需氧量产生量占全国比（%）

≤1.5
1.5～3
3～4.5
4.5～6
＞6
专题数据暂缺

注：香港、澳门、台湾资料暂缺

南海诸岛
1 : 24 200 000

各省（自治区、直辖市）畜禽养殖业化学需氧量产生量（万吨）

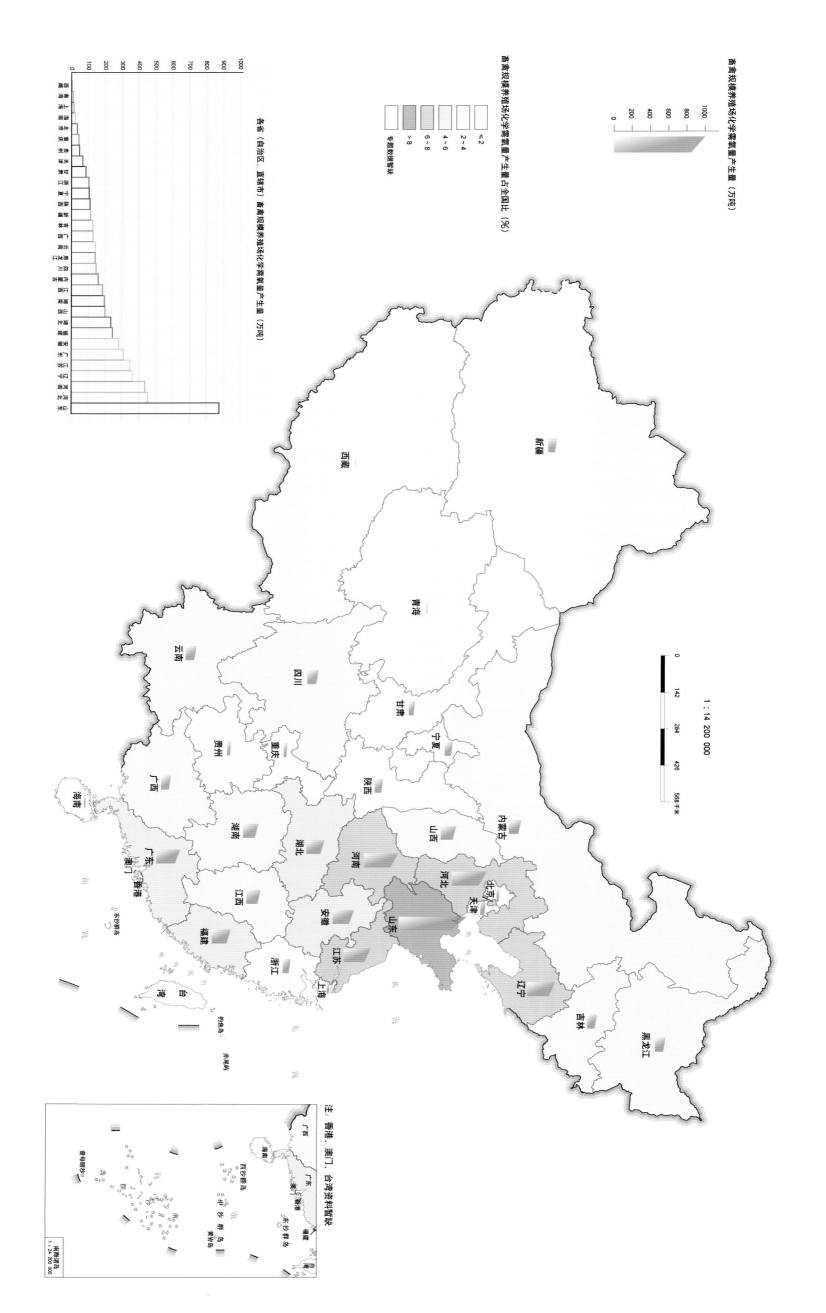

图5.2 各地区畜禽规模养殖场化学需氧量产生情况

畜禽规模养殖场化学需氧量产生量（万吨）

畜禽规模养殖场化学需氧量产生量占全国比（%）

- <2
- 2～4
- 4～6
- 6～8
- \>8
- 专题数据缺

各省（自治区、直辖市）畜禽规模养殖场化学需氧量产生量（万吨）

注：香港、澳门、台湾资料暂缺

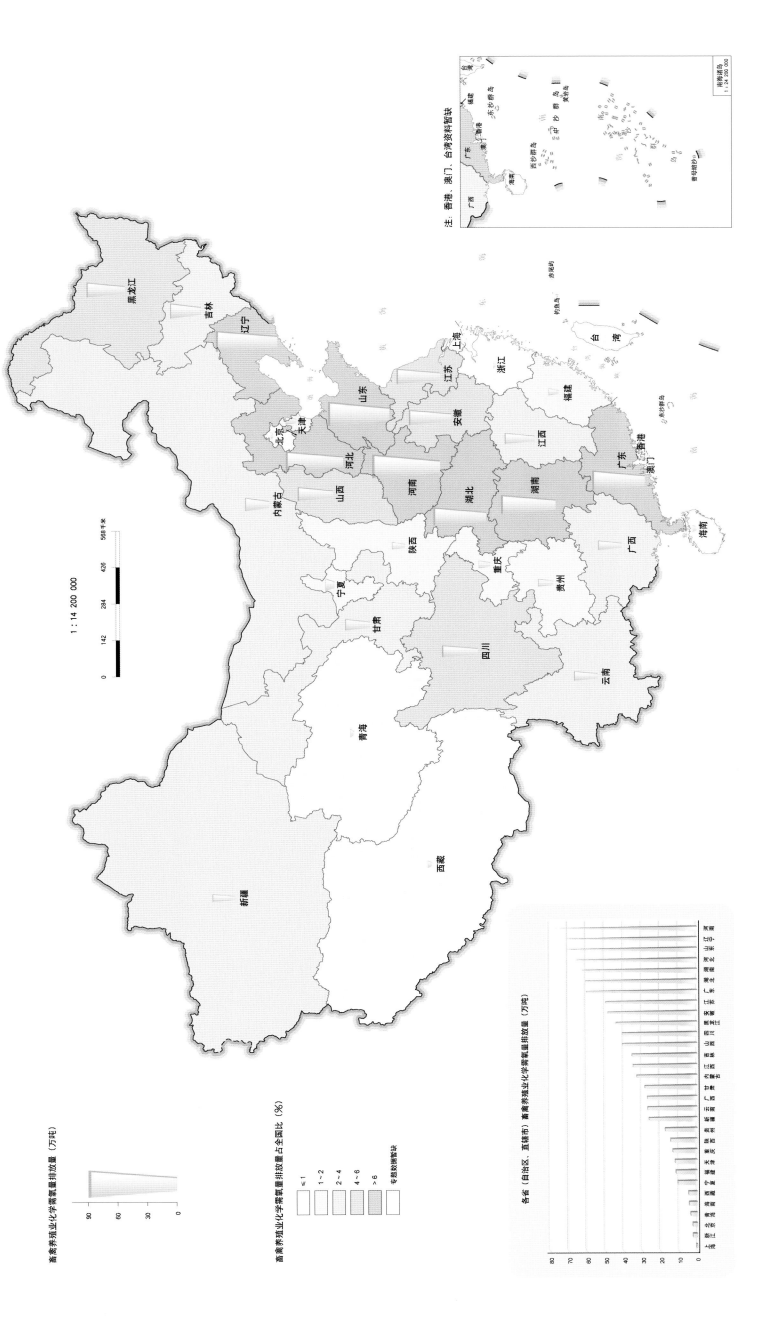

图5-3 各地区畜禽养殖业化学需氧量目排放情况

畜禽养殖业化学需氧量排放量（万吨）

畜禽养殖业化学需氧量排放量占全国比（%）

≤1
1～2
2～4
4～6
＞6
专题数据暂缺

1 : 14 200 000

注：香港、澳门、台湾资料暂缺

各省（自治区、直辖市）畜禽养殖业化学需氧量排放量（万吨）

南海诸岛
1 : 24 230 000

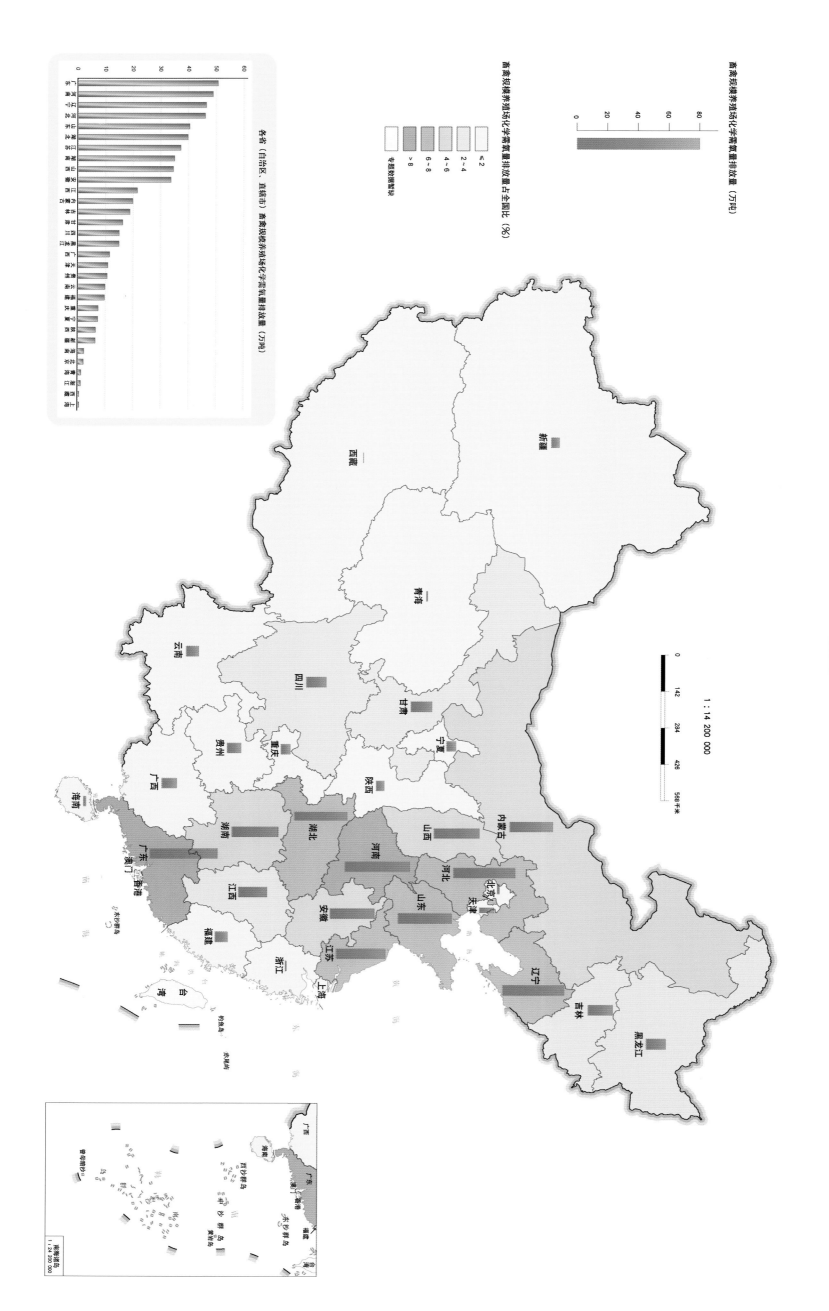

图5.4 各地区畜禽规模养殖场化学需氧量排放情况

畜禽规模养殖场化学需氧量排放量（万吨）

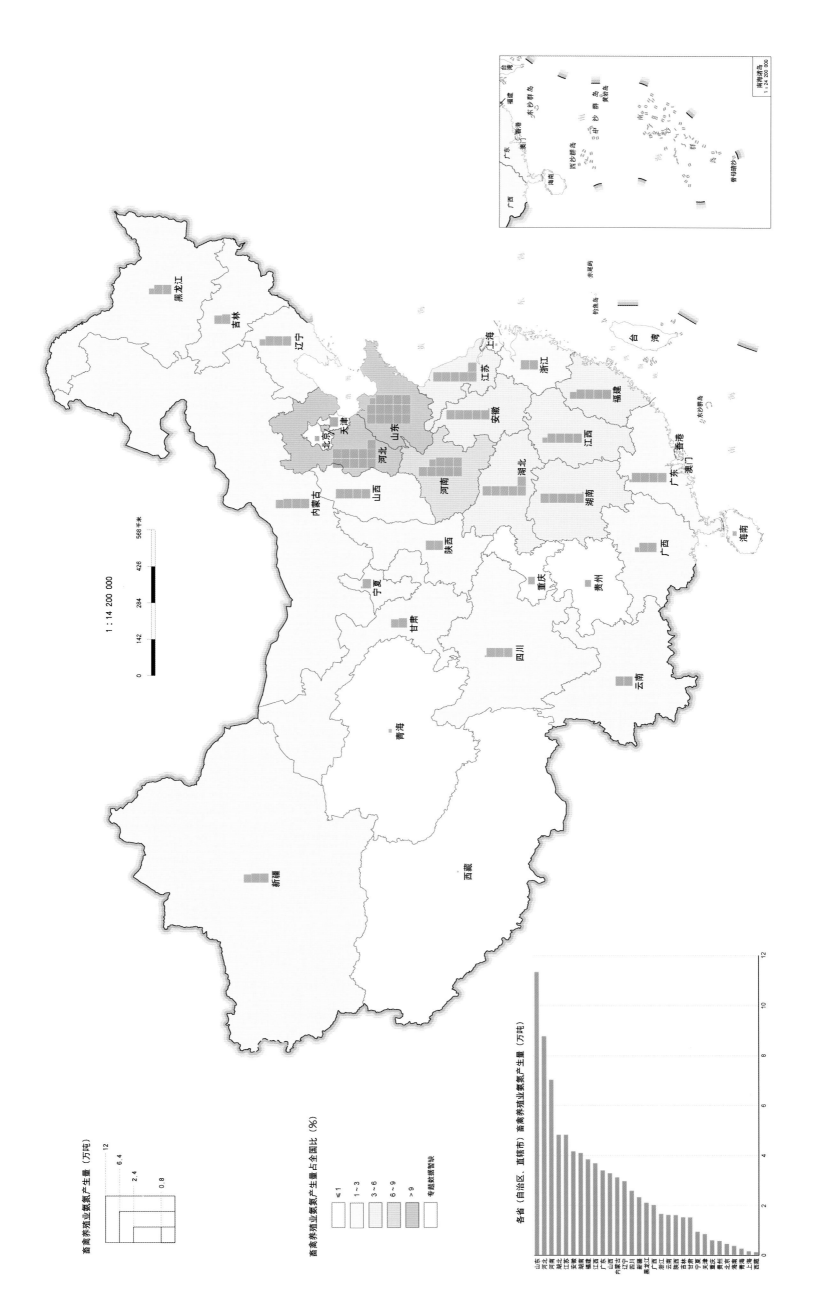

图5.5 各地区畜禽养殖业氨氮产生情况

畜禽养殖业氨氮产生量（万吨）

12
6.4
2.4
0.8

畜禽养殖业氨氮产生量占全国比（%）

≤1
1～3
3～6
6～9
>9
专栏数据暂缺

各省（自治区、直辖市）畜禽养殖业氨氮产生量（万吨）

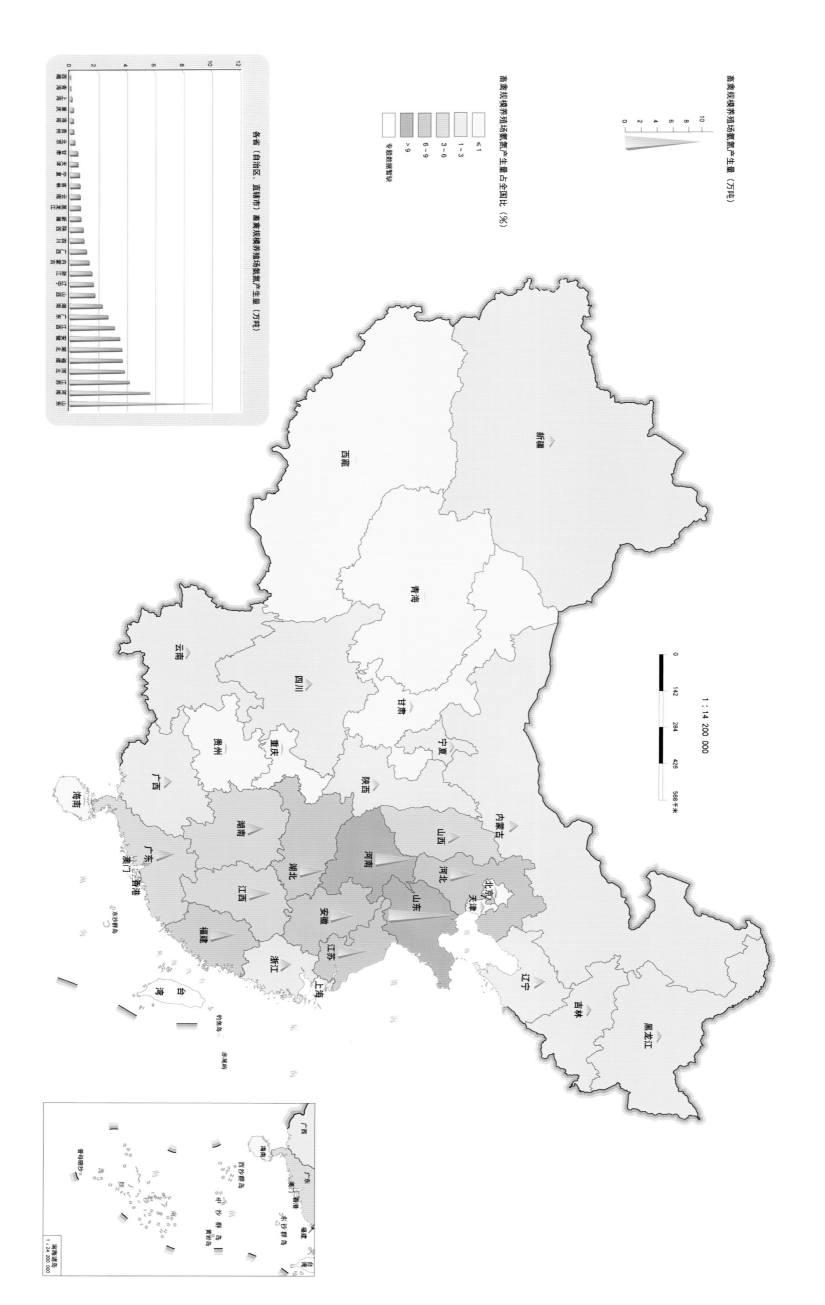

图5.6 各地区畜禽规模养殖场氨氮产生情况

畜禽规模养殖场氨氮产生量（万吨）

畜禽规模养殖场氨氮产生量占全国比（%）

各省（自治区、直辖市）畜禽规模养殖场氨氮产生量（万吨）

专题数据来源

≤1
1～3
3～6
6～9
＞9

1：14 200 000

1：24 200 000

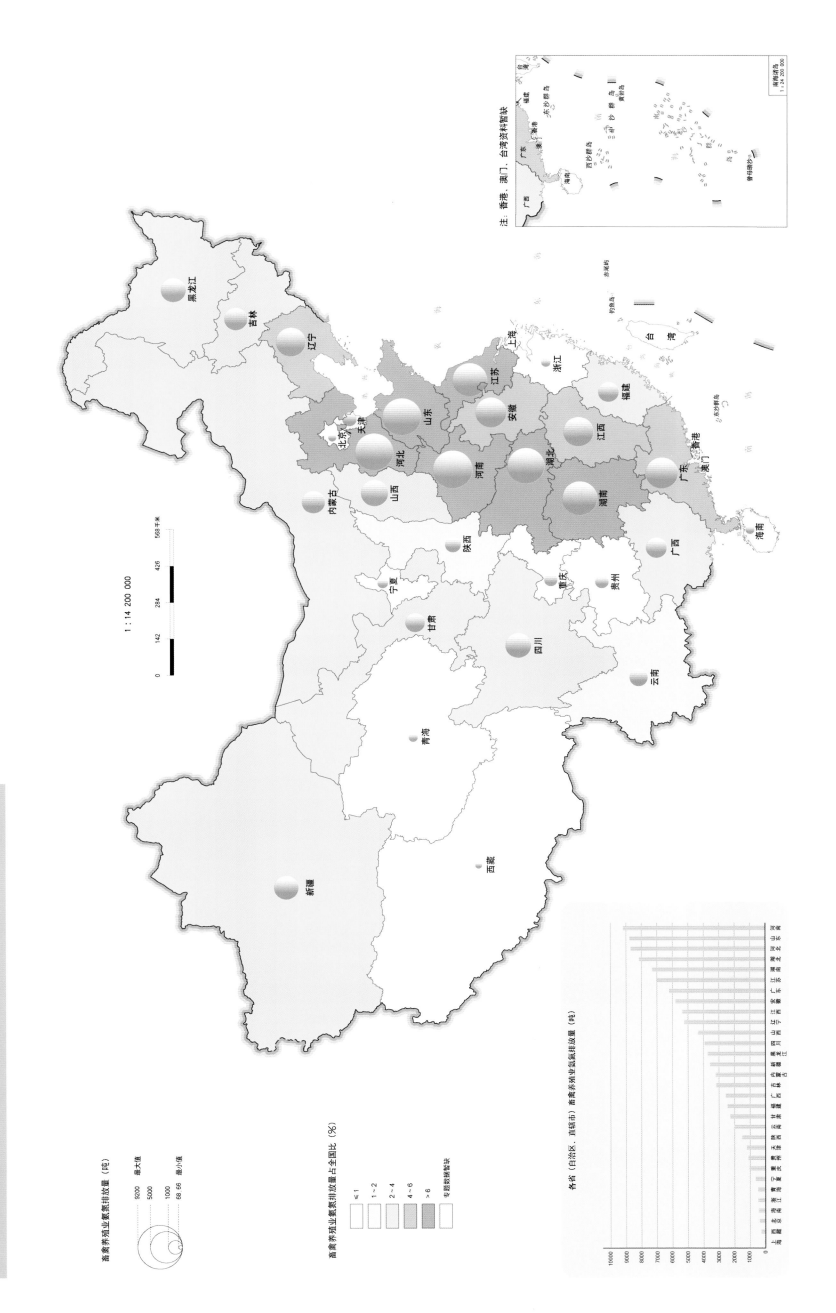

图5.7 各地区畜禽养殖业氨氮排放情况

畜禽养殖业氨氮排放量（吨）

9200 ⋯⋯ 最大值
5000
1000
68 66 ⋯⋯ 最小值

畜禽养殖业氨氮排放量占全国比（%）

≤1
1~2
2~4
4~6
>6
专题数据暂缺

1 : 14 200 000

0   142   284   426   568 千米

注：香港、澳门、台湾资料暂缺

南海诸岛
1 : 24 200 000

各省（自治区、直辖市）畜禽养殖业氨氮排放量（吨）

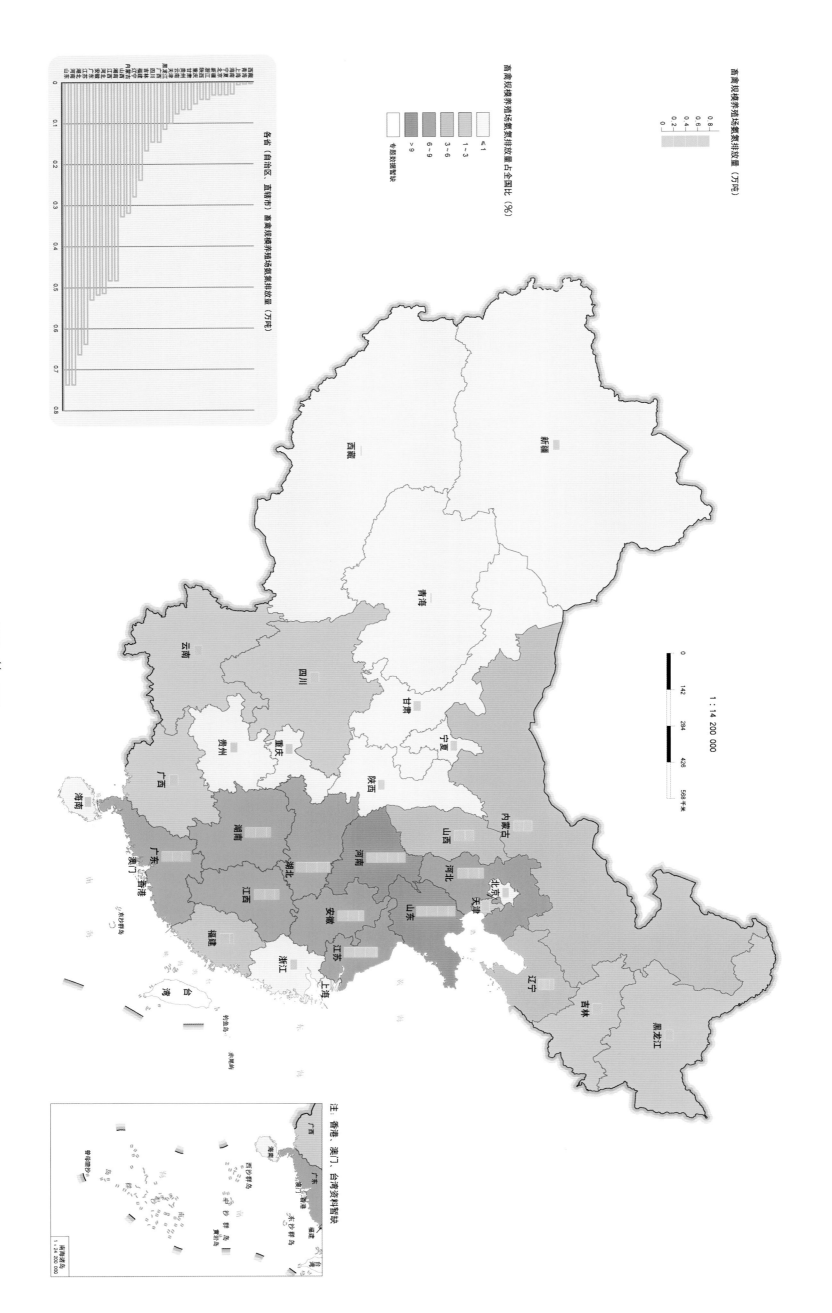

图5.8 各地区畜禽规模养殖场氨氮排放情况

畜禽规模养殖场氨氮排放量（万吨）

0.8
0.6
0.4
0.2
0

畜禽规模养殖场氨氮排放量占全国比（%）

≤1
1~3
3~6
6~9
>9
专题数据暂缺

1：14 200 000
0 142 284 426 568千米

注：香港、澳门、台湾资料暂缺

1：24 200 000

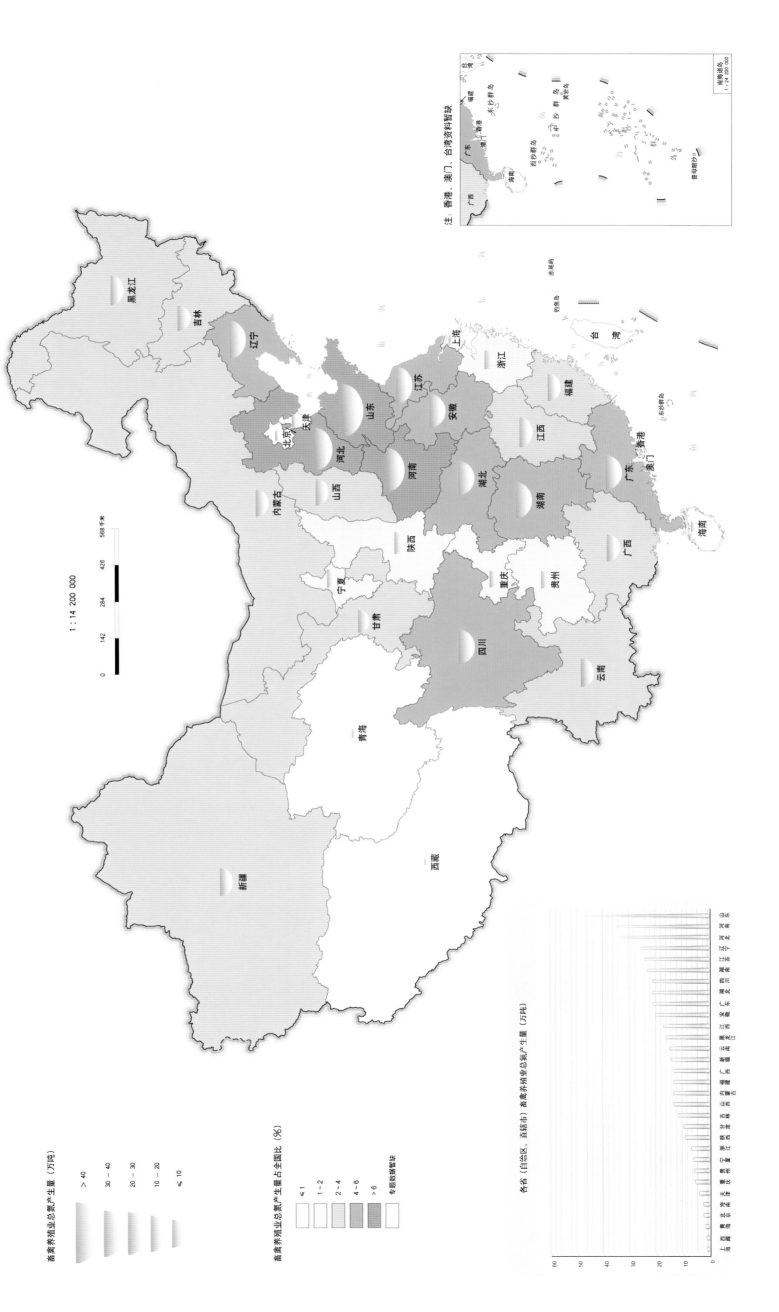

图5.9 各地区畜禽养殖业总氮产生情况

畜禽养殖业总氮产生量（万吨）

> 40
30 - 40
20 - 30
10 - 20
< 10

畜禽养殖业总氮产生量占全国比（%）

≤ 1
1 ~ 2
2 ~ 4
4 ~ 6
> 6
专题数据暂缺

1 : 14 200 000

0   142   284   426   568千米

各省（自治区、直辖市）畜禽养殖业总氮产生量（万吨）

注：香港、澳门、台湾资料暂缺

南海诸岛
1 : 24 200 000

— 45 —

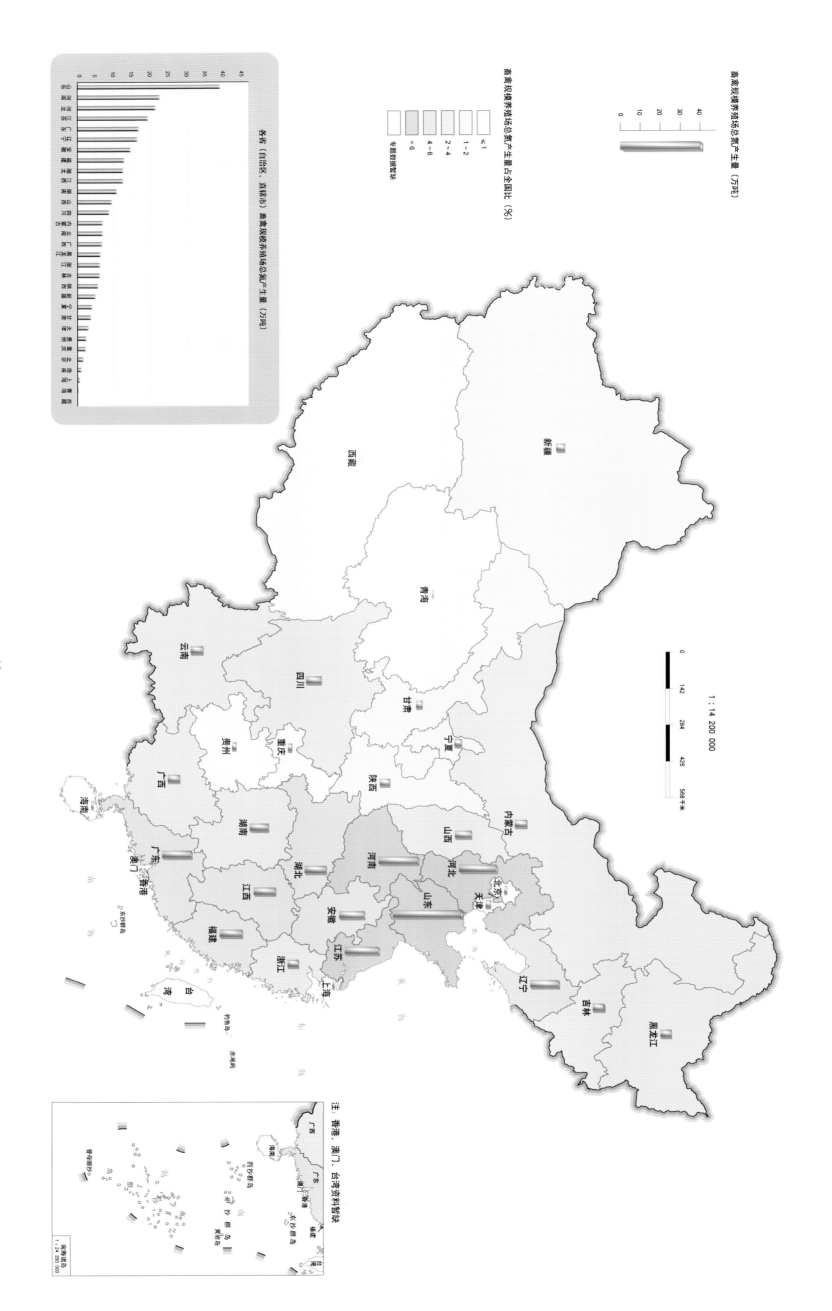

图5.10 各地区畜禽规模养殖场总氮产生情况

畜禽规模养殖场总氮产生量（万吨）

专题数据暂缺

畜禽规模养殖场总氮产生量占全国比（%）

≤1
1~2
2~4
4~6
＞6
专题数据暂缺

各省（自治区、直辖市）畜禽规模养殖场总氮产生量（万吨）

注：香港、澳门、台湾资料暂缺

1:14 200 000

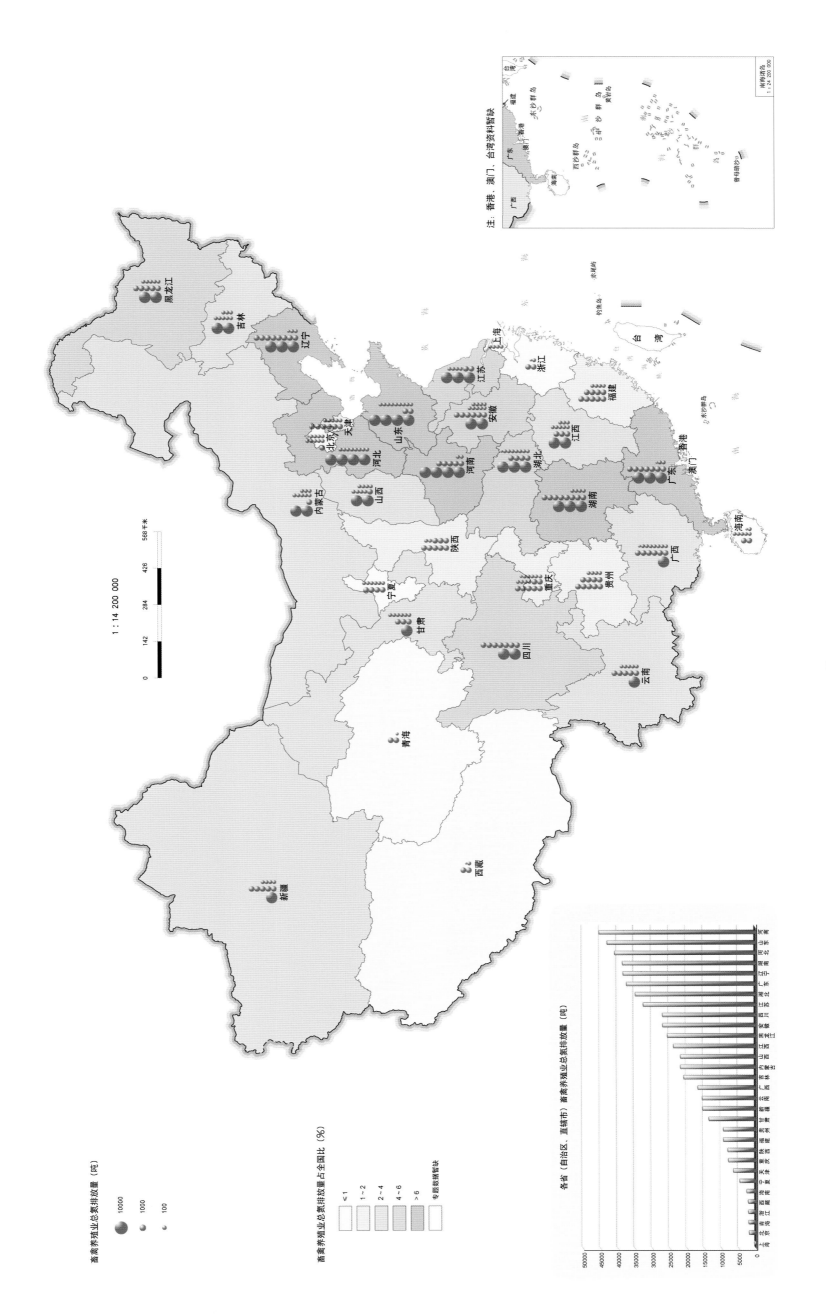

图5.11 各地区畜禽养殖业总氮排放情况

畜禽养殖业总氮排放量（吨）

⬤ 10000
⬤ 1000
• 100

畜禽养殖业总氮排放量占全国比（%）

<1
1～2
2～4
4～6
>6
专题数据暂缺

1：14 200 000

0 142 284 426 568千米

各省（自治区、直辖市）畜禽养殖业总氮排放量（吨）

注：香港、澳门、台湾资料暂缺

南海诸岛
1：24 200 000

— 47 —

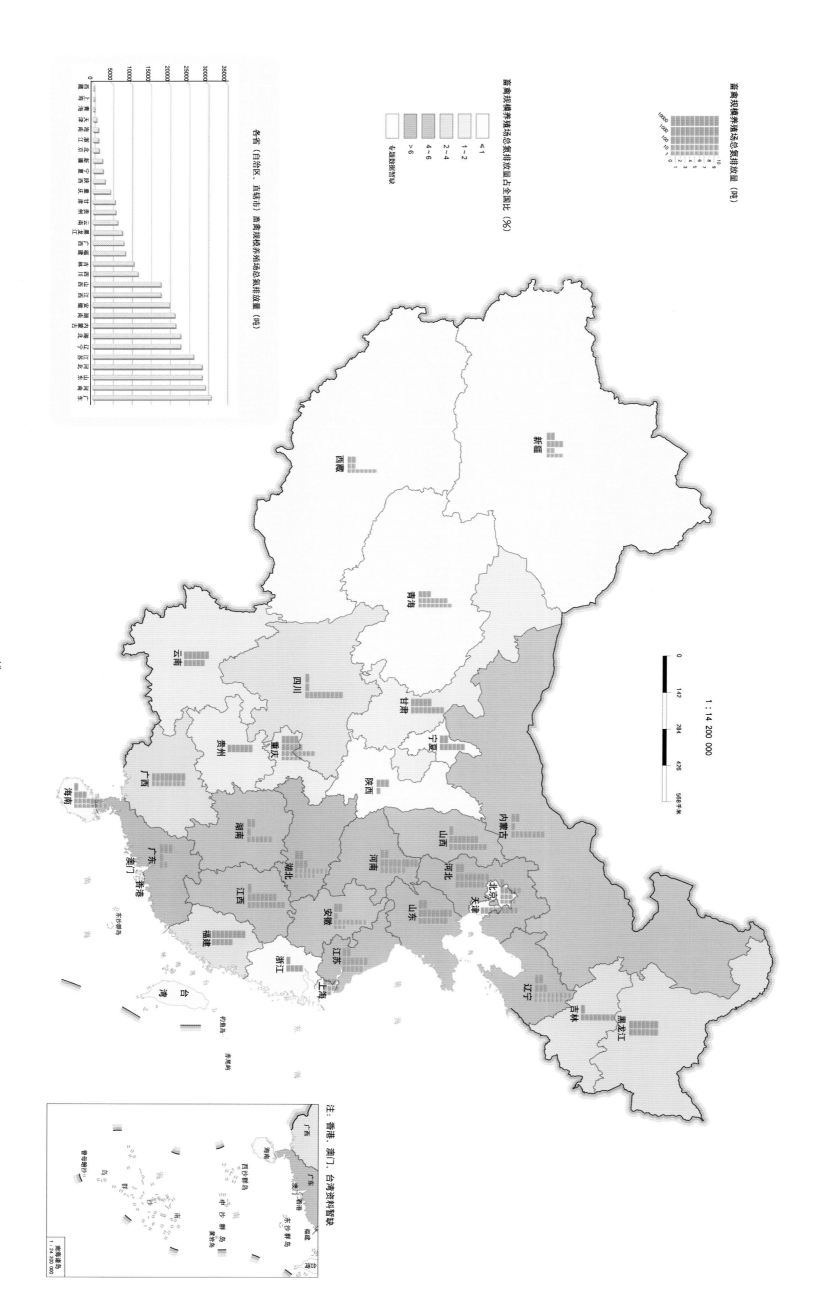

图5.12 各地区畜禽规模养殖场总氮排放情况

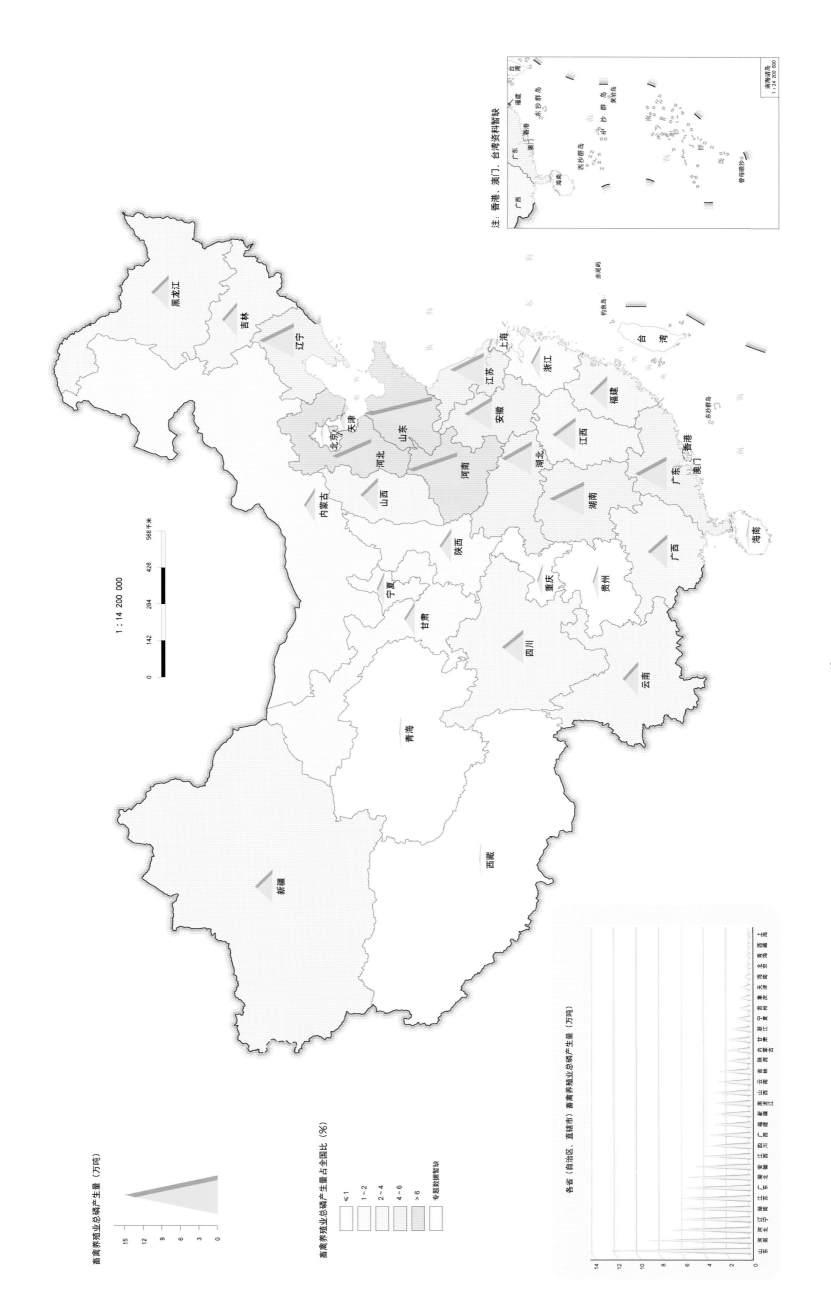

图5.13 各地区畜禽养殖业总磷产生情况

畜禽养殖业总磷产生量（万吨）

15
12
9
6
3
0

畜禽养殖业总磷产生量占全国比（%）

≤1
1～2
2～4
4～6
>6
专题数据缺失

各省（自治区、直辖市）畜禽养殖业总磷产生量（万吨）

注：香港、澳门、台湾资料暂缺

南海诸岛
1：24 200 000

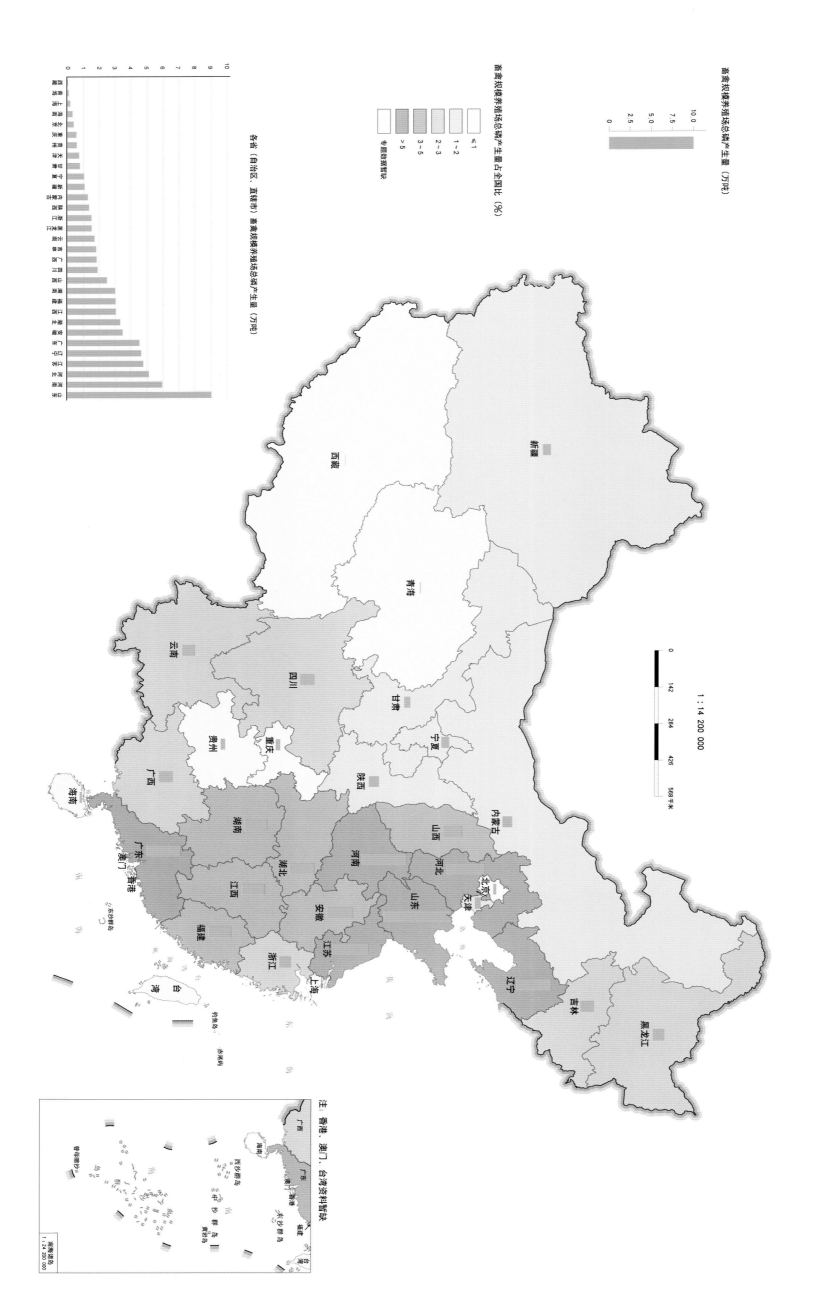

图5.14 各地区畜禽规模养殖场总磷产生情况

图5.15 各地区畜禽养殖业总磷排放情况

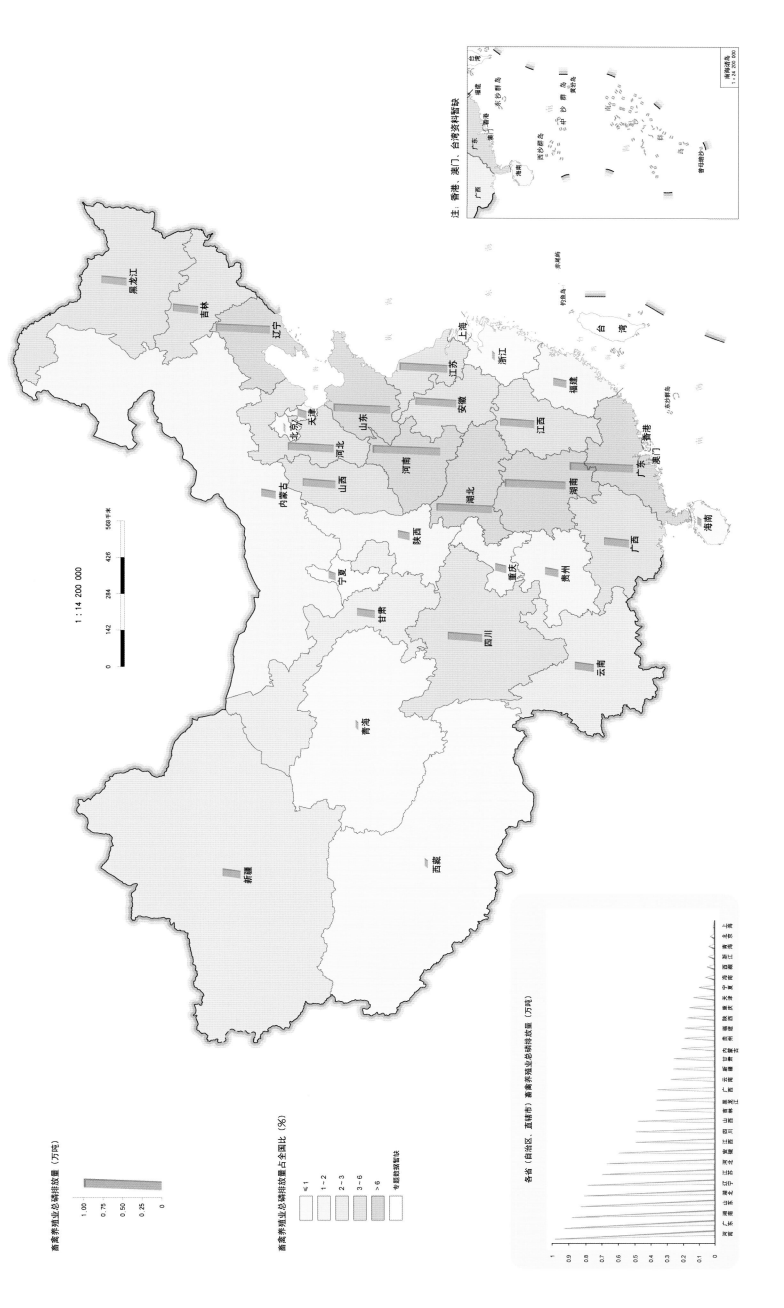

畜禽养殖业总磷排放量（万吨）

1.00
0.75
0.50
0.25
0

畜禽养殖业总磷排放量占全国比（%）

≤1
1~2
2~3
3~6
>6
专题数据暂缺

1：14 200 000

0   142   284   426   568千米

各省（自治区、直辖市）畜禽养殖业总磷排放量（万吨）

注：香港、澳门、台湾资料暂缺

南海诸岛
1：24 200 000

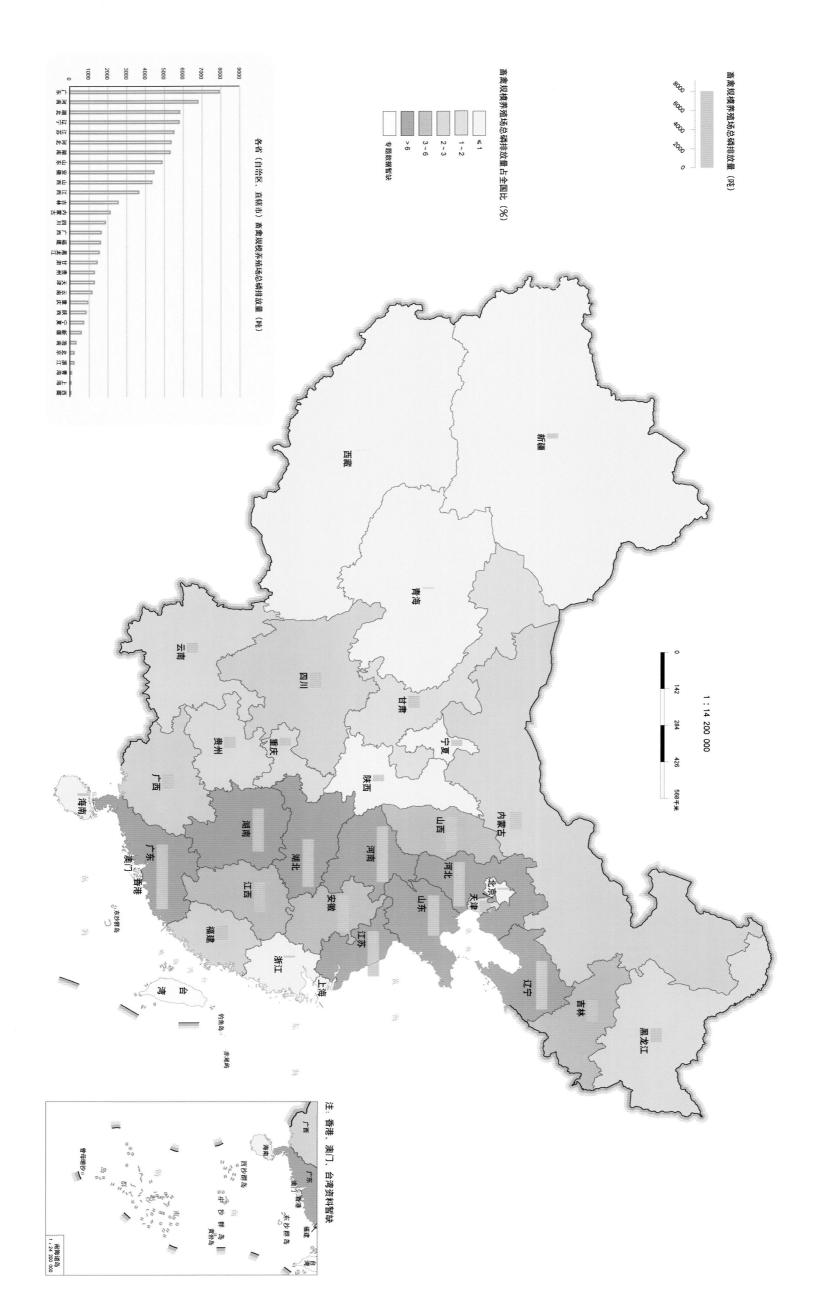

图5.16 各地区畜禽规模养殖场总磷排放情况

畜禽规模养殖场总磷排放量（吨）

畜禽规模养殖场总磷排放量占全国比（%）

专题数据暂缺

≤1
1～2
2～3
3～6
＞6

1：14 200 000

0   142   284   426   568千米

各省（自治区、直辖市）畜禽规模养殖场总磷排放量（吨）

注：香港、澳门、台湾资料暂缺

1：24 200 000

图5.17 各地区畜禽规模养殖场数量情况

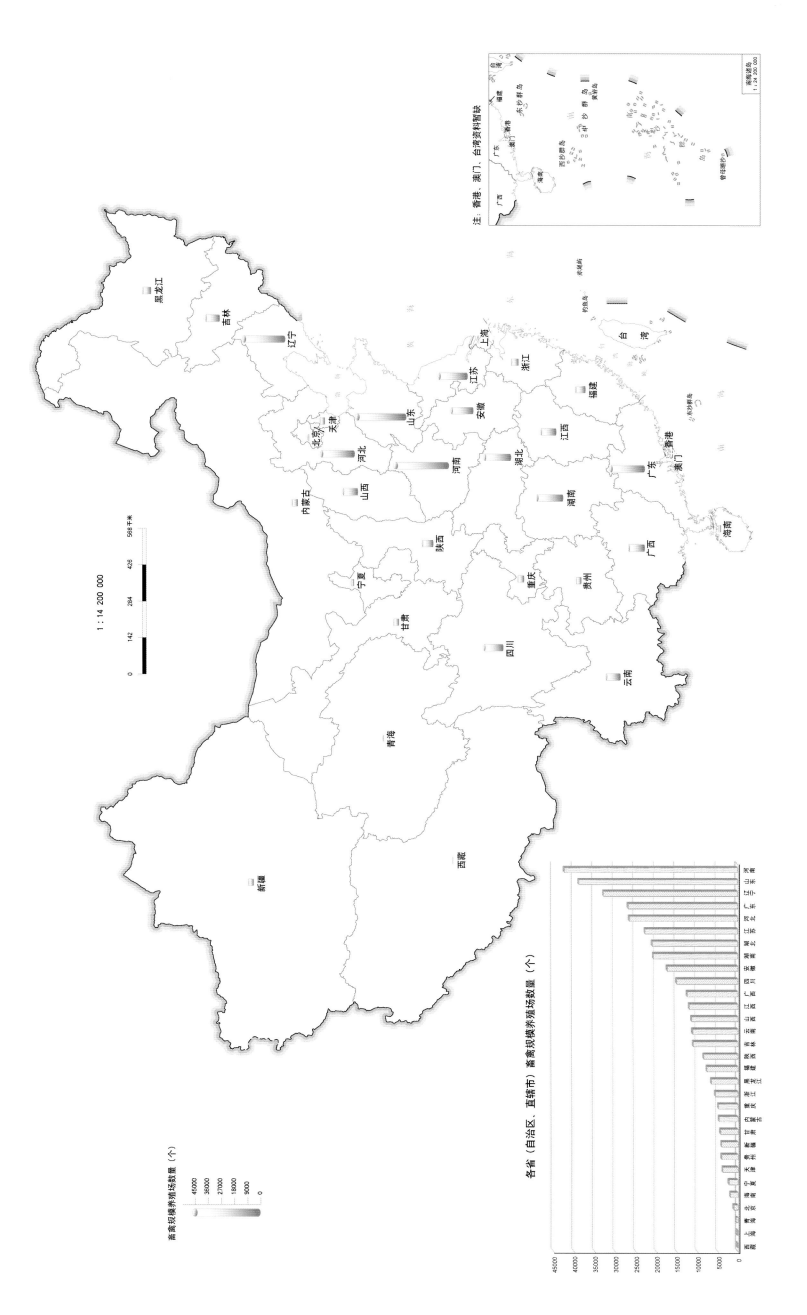

1 : 14 200 000

畜禽规模养殖场数量（个）

45000
36000
27000
18000
9000
0

注：香港、澳门、台湾资料暂缺

南海诸岛
1：24 200 000

各省（自治区、直辖市）畜禽规模养殖场数量（个）

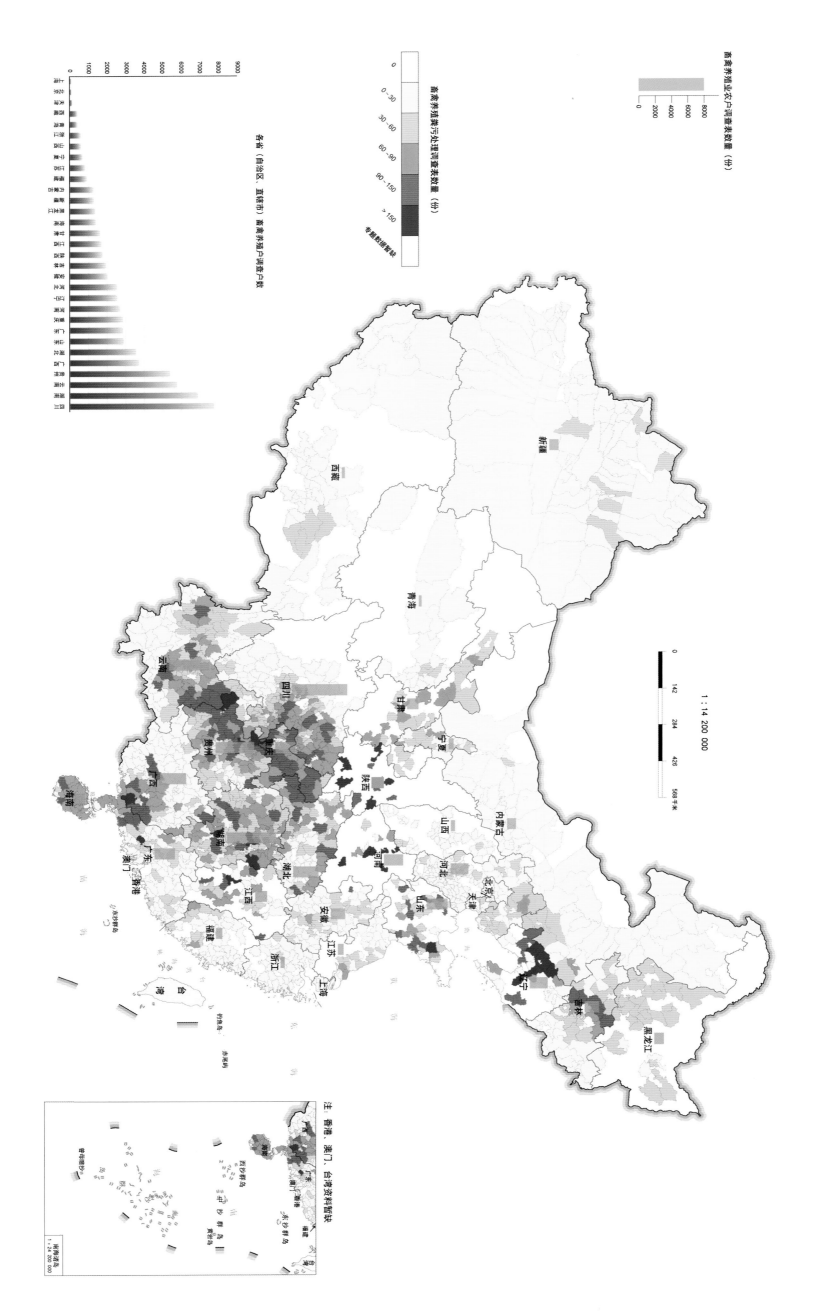

图5.18 各地区畜禽养殖业污处理调查情况

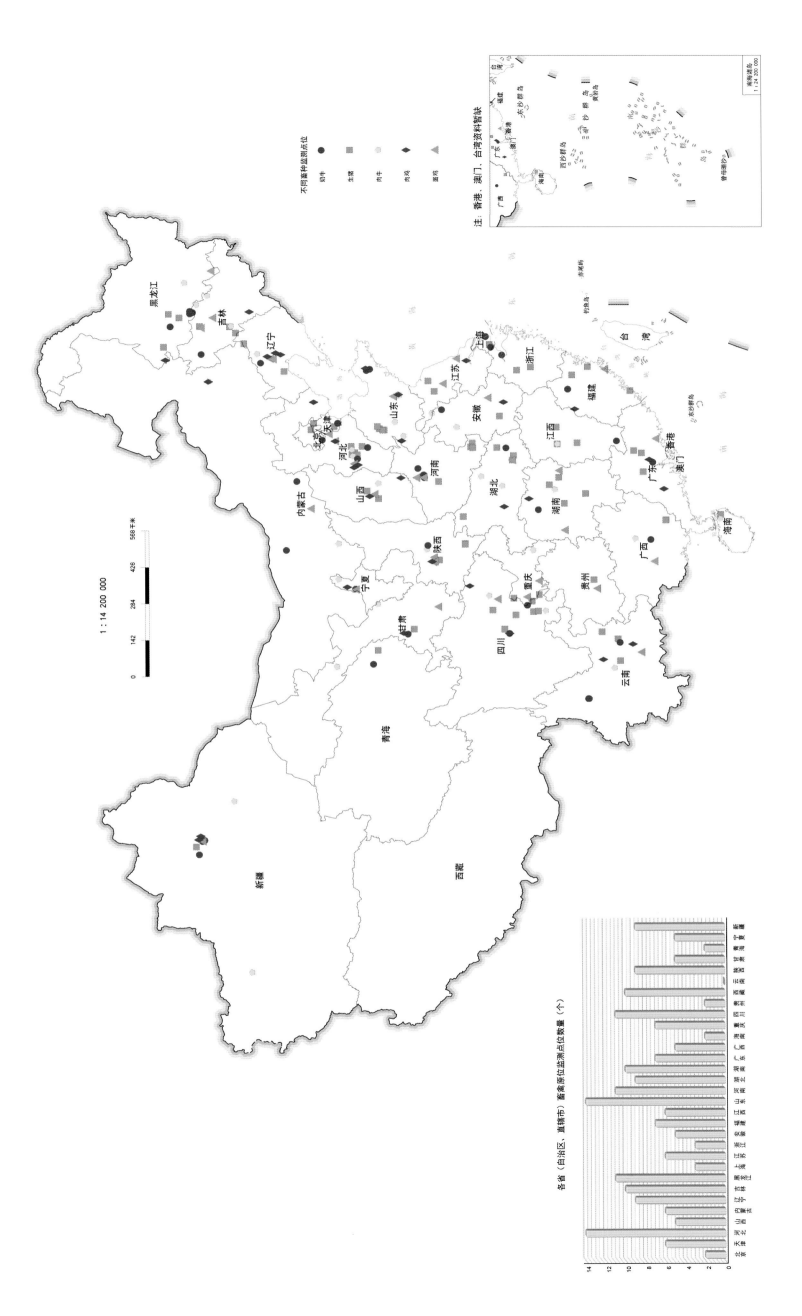

图5.19 畜禽养殖业原位监测点位分布情况

— 55 —

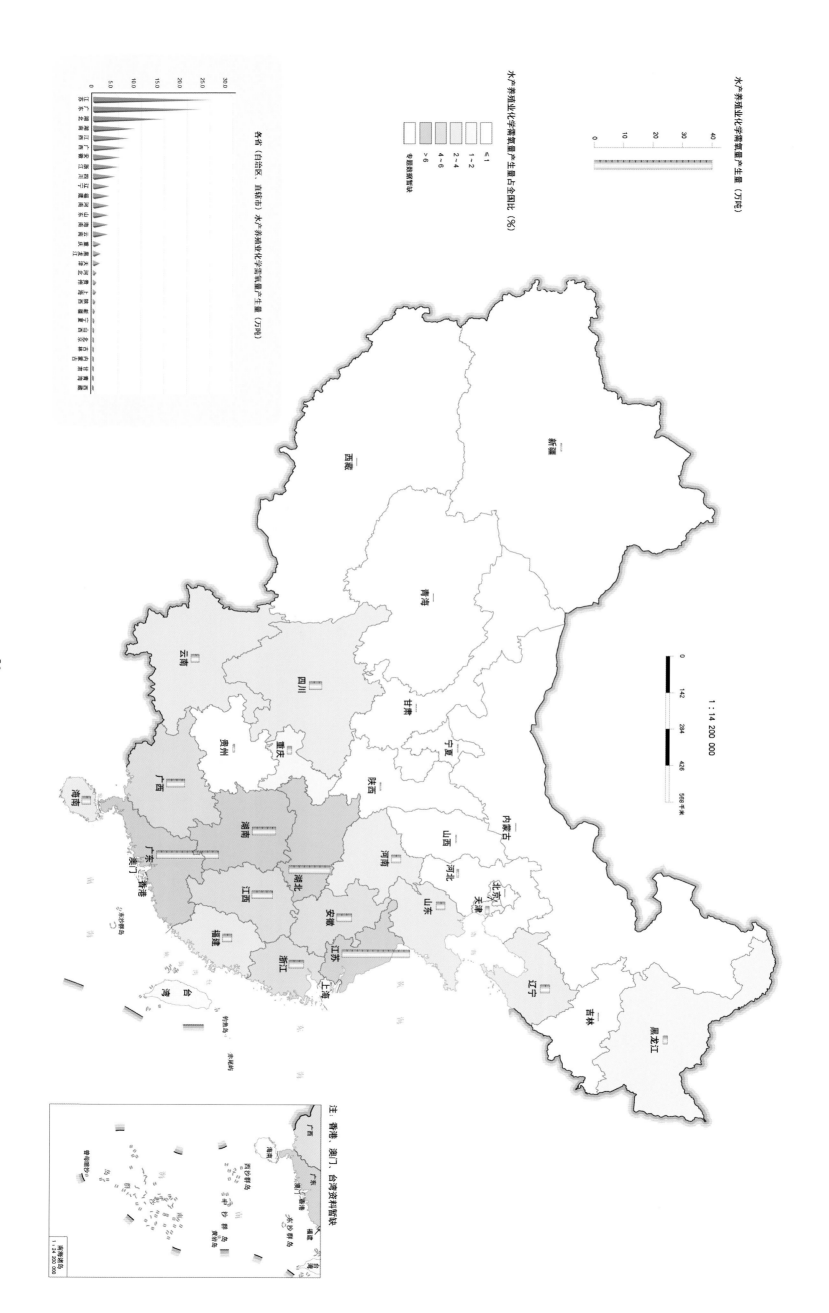

图6.1 各地区水产养殖业化学需氧量产生情况

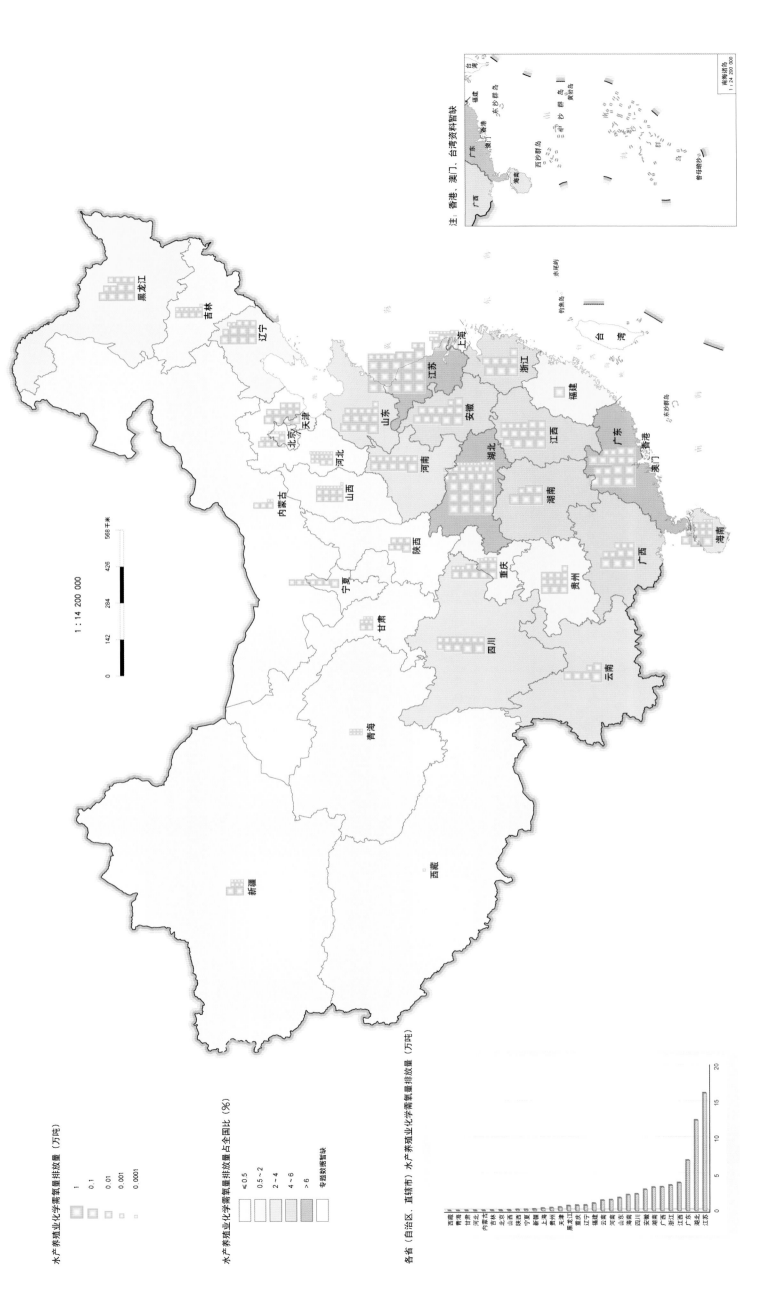

图6.2 各地区水产养殖业化学需氧量排放情况

水产养殖业化学需氧量排放量（万吨）

- 1
- 0.1
- 0.01
- 0.001
- 0.0001

水产养殖业化学需氧量排放量占全国比（%）

- ≤0.5
- 0.5~2
- 2~4
- 4~6
- >6
- 专题数据暂缺

各省（自治区、直辖市）水产养殖业化学需氧量排放量（万吨）

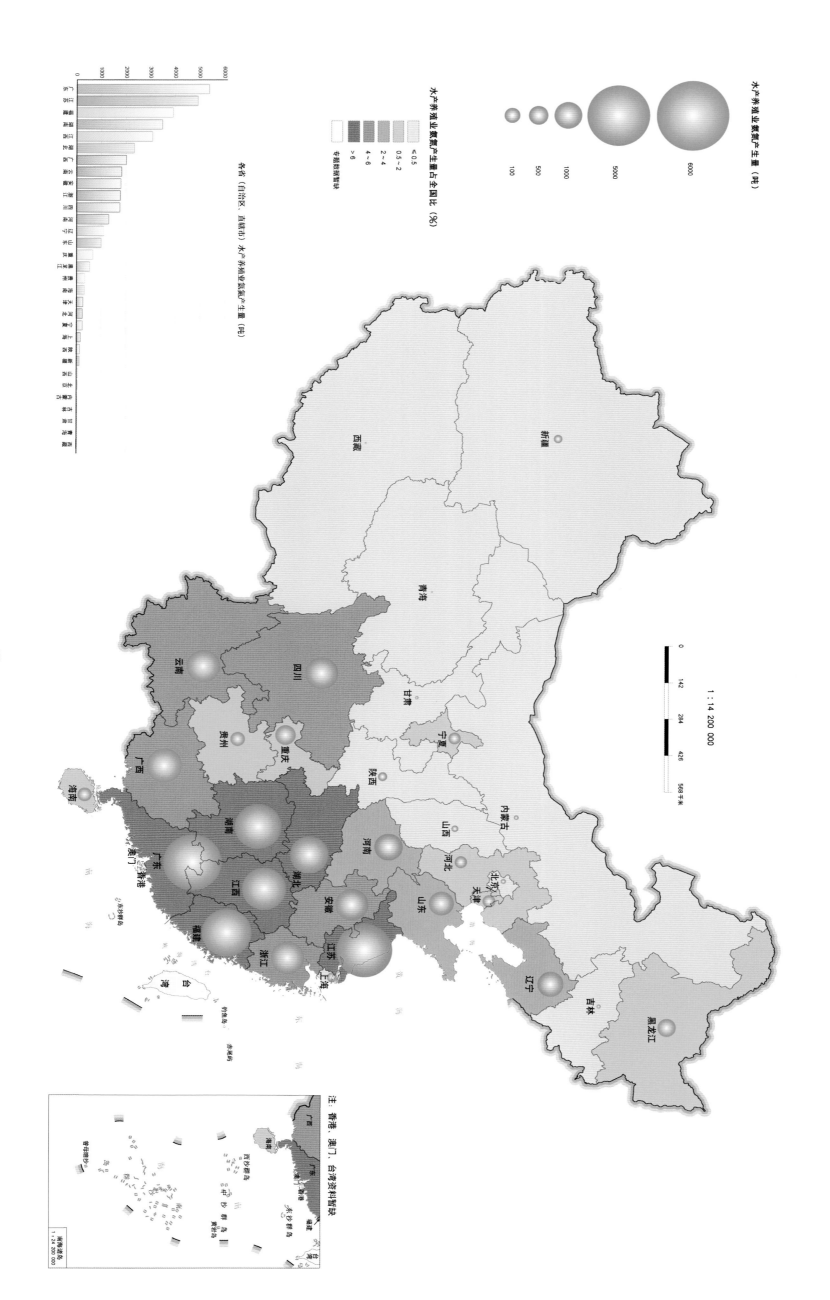

图6.3 各地区水产养殖业氨氮产生情况

水产养殖业氨氮产生量（吨）

水产养殖业氨氮产生量占全国比（%）

各省（自治区、直辖市）水产养殖业氨氮产生量（吨）

注：香港、澳门、台湾资料暂缺

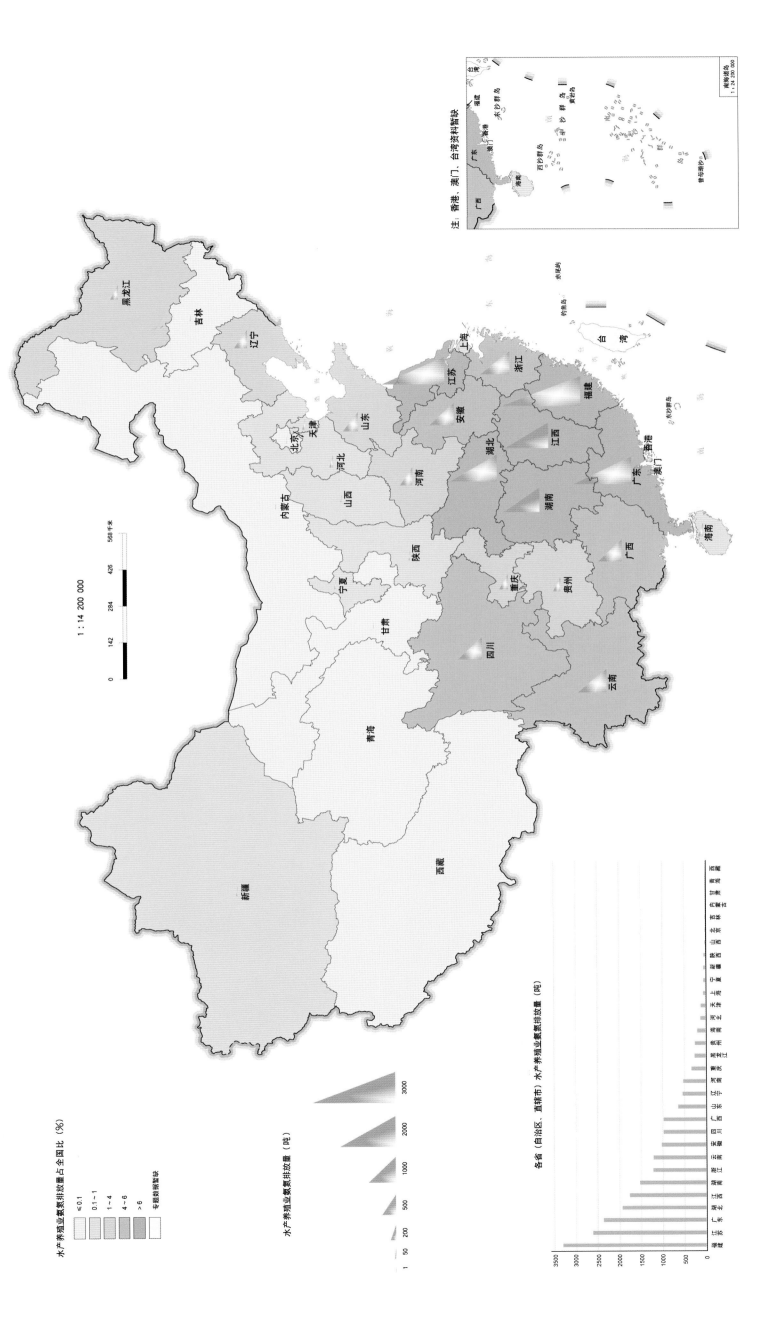

图6.4 各地区水产养殖业氨氮排放情况

水产养殖业氨氮排放量占全国比（%）

- ≤0.1
- 0.1~1
- 1~4
- 4~6
- >6
- 专题数据暂缺

水产养殖业氨氮排放量（吨）

1 50 200 500 1000 2000 3000

1 : 14 200 000

0 142 284 426 568千米

注：香港、澳门、台湾资料暂缺

南海诸岛
1 : 24 200 000

各省（自治区、直辖市）水产养殖业氨氮排放量（吨）

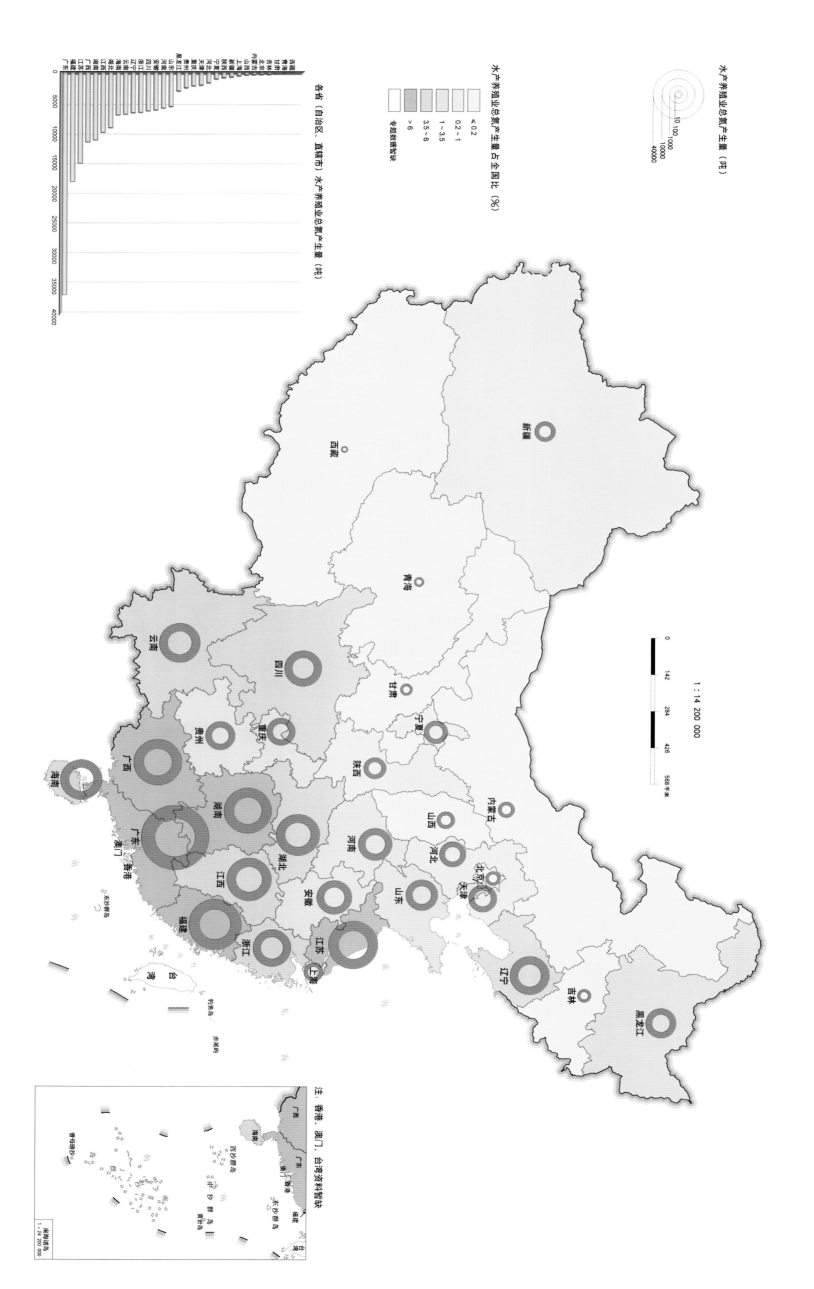

图6.5 各地区水产养殖业总氮产生情况

水产养殖业总氮产生量（吨）

水产养殖业总氮产生量占全国比（%）

≤0.2
0.2～1
1～3.5
3.5～6
＞6
专题数据缺失

各省（自治区、直辖市）水产养殖业总氮产生量（吨）

注：香港、澳门、台湾资料暂缺

1:14 200 000

1:24 200 000

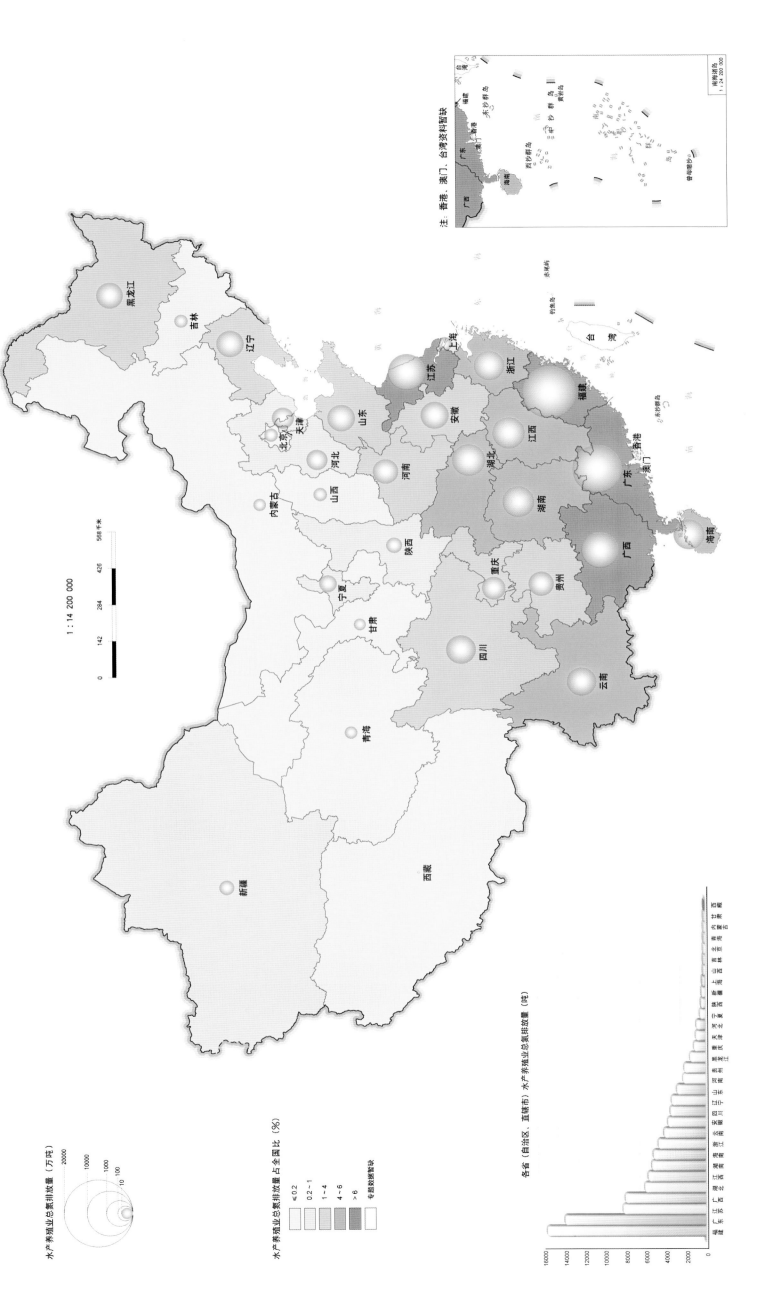

图6.6 各地区水产养殖业总氮排放情况

水产养殖业总氮排放量（万吨）

20000
1000
100
10

水产养殖业总氮排放量占全国比（%）

≤0.2
0.2~1
1~4
4~6
>6
专题数据暂缺

1 : 14 200 000

0   142   284   426   568 千米

各省（自治区、直辖市）水产养殖业总氮排放量（吨）

注 香港、澳门、台湾资料暂缺

南海诸岛
1 : 24 200 000

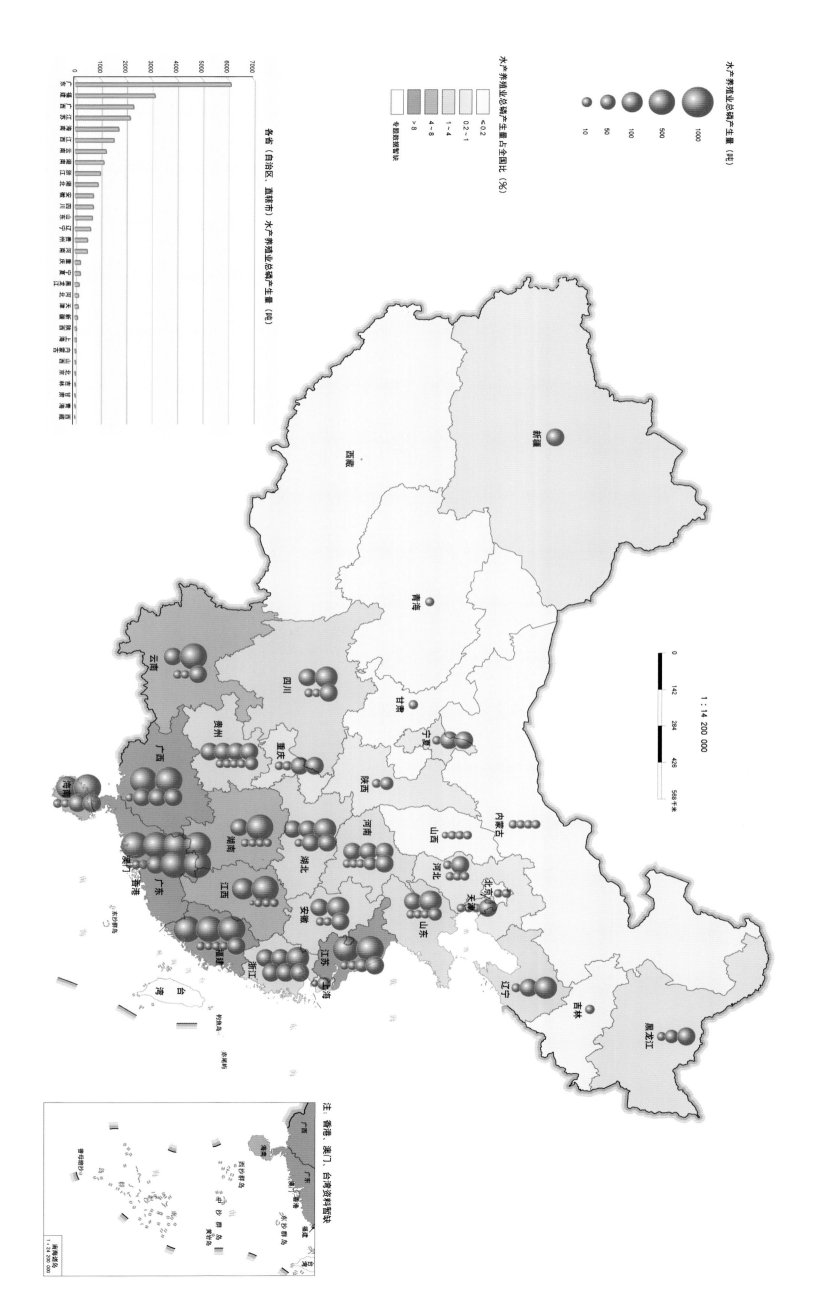

图6.7 各地区水产养殖业总磷产生情况

水产养殖业总磷产生量（吨）

水产养殖业总磷产量占全国比（%）

各省（自治区、直辖市）水产养殖业总磷产生量（吨）

注：香港、澳门、台湾资料暂缺

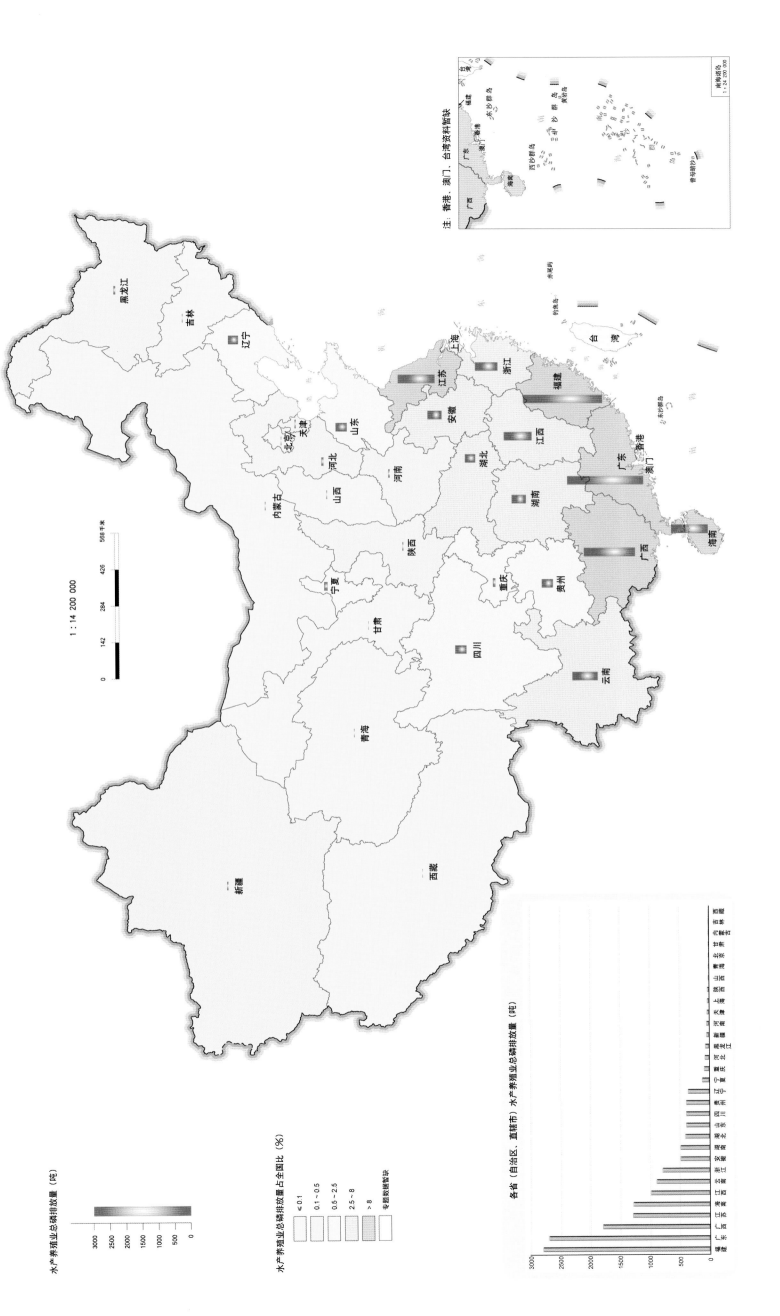

图6.8 各地区水产养殖业总磷排放情况

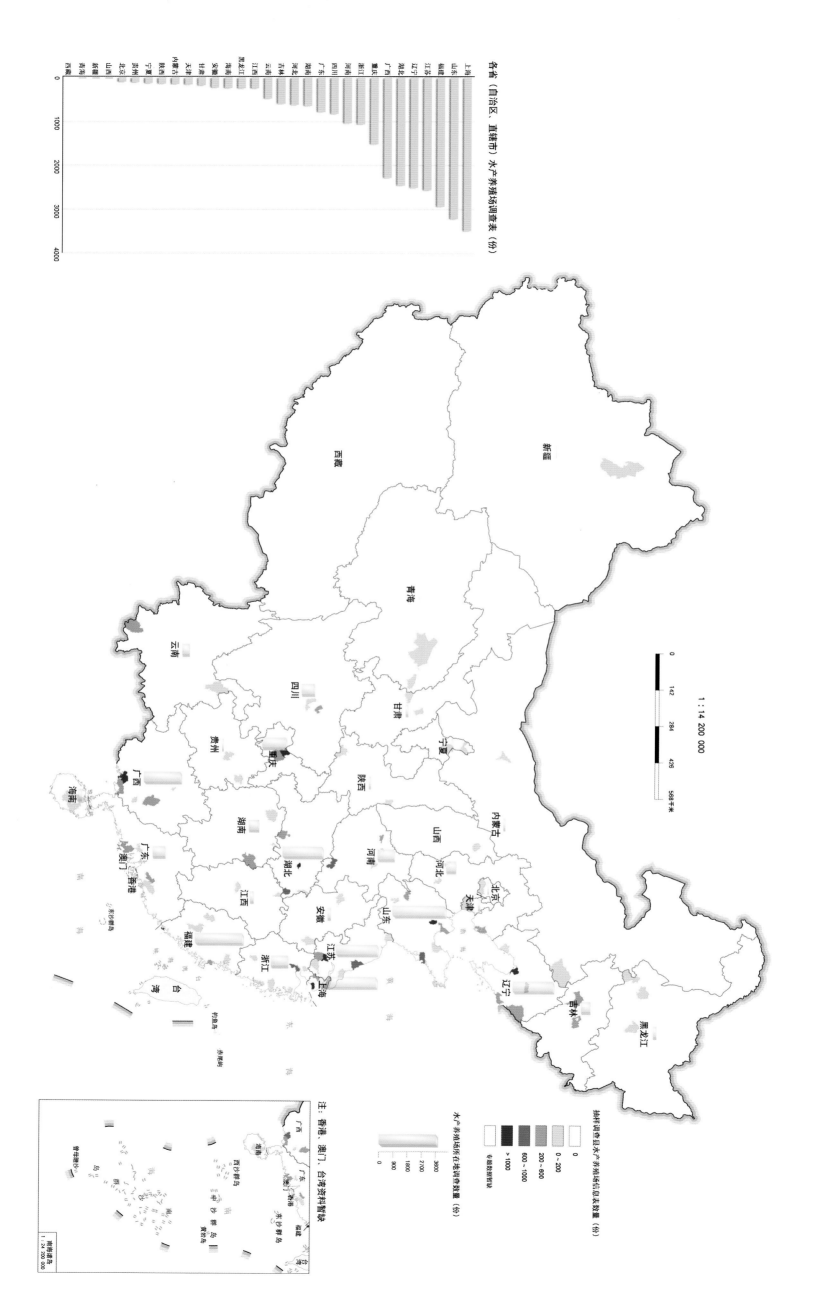

图6.9 水产养殖场抽样调查情况

各省（自治区、直辖市）水产养殖场调查表（份）

抽样调查场所在地信息总表数量（份）

0
0～200
200～600
600～1000
> 1000

水产养殖场所在地调查表数量（份）

0
900
1800
2700
3600

注：香港、澳门、台湾资料暂缺。

1 : 14 200 000

0   142   284   426   568千米

1 : 24 00 000

图6.10 水产养殖业原位监测点位分布情况

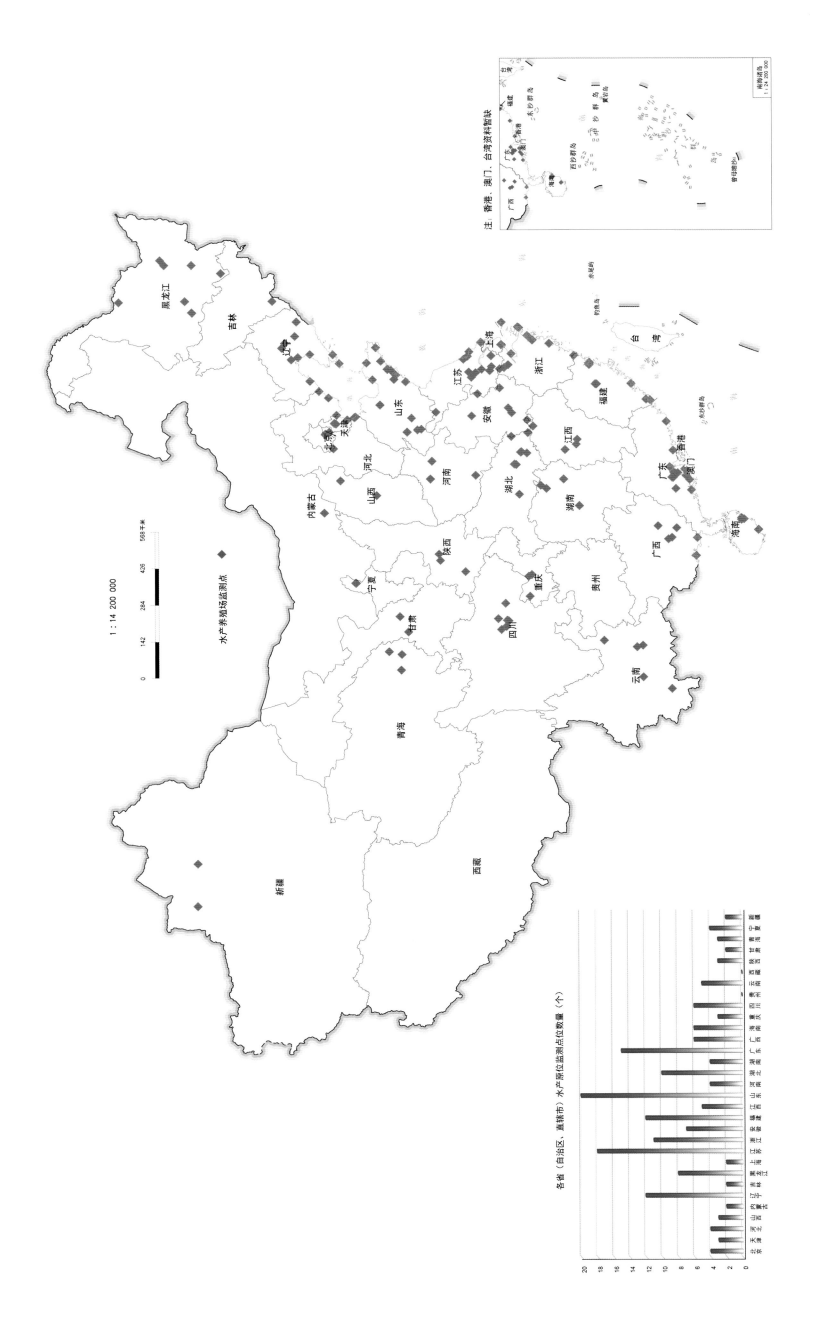

图书在版编目（CIP）数据

第二次全国农业污染源普查图集 / 农业农村部农业生态与资源保护总站编著. —北京：中国农业出版社，2022.3

（第二次全国农业污染源普查系列丛书）

ISBN 978-7-109-29212-3

Ⅰ.①第… Ⅱ.①农… Ⅲ.①农业污染源—污染源调查—中国—图集 Ⅳ.①X508.2-64

中国版本图书馆CIP数据核字（2022）第040741号

审图号：GS（2022）1061号

中国农业出版社出版

地址：北京市朝阳区麦子店街18号楼

邮编：100125

责任编辑：郑 君

版式设计：王 晨 责任校对：刘丽香

印刷：北京中科印刷有限公司

版次：2022年3月第1版

印次：2022年3月北京第1次印刷

发行：新华书店北京发行所

开本：787mm×1092mm 1/8

印张：9

字数：140千字

定价：158.00元